玉米病虫草害
诊断与防治图谱

● 岳 瑾 张 智 王泽民 主编

中国农业科学技术出版社

图书在版编目（CIP）数据

玉米病虫草害诊断与防治图谱／岳瑾，张智，王泽民主编. --
北京：中国农业科学技术出版社，2022.8（2024.9重印）
ISBN 978-7-5116-5822-7

Ⅰ.①玉… Ⅱ.①岳… ②张… ③王… Ⅲ.①玉米-病虫害
防治-图谱②玉米-除草-图谱 Ⅳ.①S435.13-64②S451.22-64

中国版本图书馆 CIP 数据核字（2022）第 126921 号

责任编辑	姚　欢
责任校对	李向荣
责任印制	姜义伟　王思文

出 版 者	中国农业科学技术出版社
	北京市中关村南大街 12 号　　邮编：100081
电　　话	（010）82106631（编辑室）　　（010）82109702（发行部）
	（010）82109709（读者服务部）
网　　址	https://castp.caas.cn
经 销 者	各地新华书店
印 刷 者	北京捷迅佳彩印刷有限公司
开　　本	170 mm×240 mm　1/16
印　　张	8.25　彩插　16 面
字　　数	155 千字
版　　次	2022 年 8 月第 1 版　2024 年 9 月第 2 次印刷
定　　价	45.00 元

《玉米病虫草害诊断与防治图谱》
编　委　会

前　言

　　近几年，受新冠疫情的影响，粮食安全与生产受到了前所未有的关注。玉米是我国主要的粮食作物，栽培面积仅次于水稻和小麦，为第三大粮食作物，玉米生产形势直接关系着国计民生。玉米生产中病虫草害种类多、为害重，加之草地贪夜蛾等新发迁飞性害虫在我国的发生与蔓延，对玉米生产造成了一定的威胁。

　　由于病虫草害防治技术对专业水平要求高，时效性强，但目前我国玉米生产者对病虫草害的识别能力不强，常会出现病虫草害错用农药的情况，造成防效欠佳、残留超标、污染加重等问题，迫切需要一本专业工具书来指导玉米生产者科学防治病虫草害。

　　本书精选了对玉米产量及品质影响较大的 30 种病害、30 种虫害及 29 种杂草，系统地介绍了玉米病虫草害的发病（为害）症状、发生规律及防治方法，便于广大基层农技人员和农民朋友查阅使用。

　　本书编写过程中得到了北京市各区植保机构的大力支持，在此表示感谢。由于编者水平有限，不足之处在所难免，请广大读者、同行批评指正。

目　　录

第一章　玉米病害诊断与防治 ……………………………（1）

　第一节　真菌病害 ………………………………………（1）

　　一、玉米根腐病 ………………………………………（1）

　　二、玉米苗枯病 ………………………………………（3）

　　三、玉米大斑病 ………………………………………（4）

　　四、玉米小斑病 ………………………………………（6）

　　五、玉米灰斑病 ………………………………………（7）

　　六、玉米圆斑病 ………………………………………（9）

　　七、玉米弯孢叶斑病 …………………………………（11）

　　八、玉米褐斑病 ………………………………………（12）

　　九、玉米锈病 …………………………………………（14）

　　十、玉米炭疽病 ………………………………………（15）

　　十一、玉米顶腐病 ……………………………………（16）

　　十二、玉米纹枯病 ……………………………………（18）

　　十三、玉米鞘腐病 ……………………………………（19）

　　十四、玉米全蚀病 ……………………………………（20）

　　十五、玉米丝黑穗病 …………………………………（22）

　　十六、玉米穗腐病 ……………………………………（23）

　　十七、玉米瘤黑粉病 …………………………………（26）

　　十八、玉米疯顶病 ……………………………………（27）

　第二节　细菌病害 ………………………………………（29）

　　一、玉米细菌性条纹病 ………………………………（29）

　　二、玉米细菌性褐斑病 ………………………………（30）

　　三、玉米细菌性叶斑病 ………………………………（30）

　　四、玉米细菌性枯萎病 ………………………………（31）

　　五、玉米细菌性茎腐病 ………………………………（32）

　　六、玉米细菌性干茎腐病 ……………………………（33）

第三节　病毒病害与其他症状 ……………………………………（34）

　　一、玉米矮花叶病 …………………………………………（34）

　　二、玉米条纹矮缩病 ………………………………………（36）

　　三、玉米粗缩病 ……………………………………………（37）

　　四、多穗 ……………………………………………………（39）

　　五、植株分蘖 ………………………………………………（41）

　　六、除草剂药害 ……………………………………………（43）

第二章　玉米虫害诊断与防治 ……………………………………（45）

第一节　鳞翅目主要害虫 …………………………………………（45）

　　一、亚洲玉米螟 ……………………………………………（45）

　　二、桃蛀螟 …………………………………………………（47）

　　三、草地螟 …………………………………………………（49）

　　四、黏虫 ……………………………………………………（51）

　　五、斜纹夜蛾 ………………………………………………（53）

　　六、甜菜夜蛾 ………………………………………………（55）

　　七、草地贪夜蛾 ……………………………………………（56）

　　八、劳氏黏虫 ………………………………………………（58）

　　九、棉铃虫 …………………………………………………（59）

　　十、黄腹灯蛾 ………………………………………………（61）

　　十一、红缘灯蛾 ……………………………………………（62）

第二节　地下害虫 …………………………………………………（63）

　　一、二点委夜蛾 ……………………………………………（63）

　　二、小地老虎 ………………………………………………（64）

　　三、黄地老虎 ………………………………………………（66）

　　四、蛴螬 ……………………………………………………（68）

　　五、金针虫 …………………………………………………（69）

第三节　鞘翅目主要害虫 …………………………………………（71）

　　一、双斑长跗萤叶甲 ………………………………………（71）

　　二、褐足角胸肖叶甲 ………………………………………（73）

第四节　直翅目害虫 ………………………………………………（75）

　　一、蝼蛄 ……………………………………………………（75）

　　二、蟋蟀 ……………………………………………………（76）

　　三、飞蝗 ……………………………………………………（78）

第五节　半翅目害虫 ……………………………………………（80）

　　一、蚜虫 ………………………………………………………（80）

　　二、条赤须盲蝽 ………………………………………………（83）

　　三、大青叶蝉 …………………………………………………（84）

　　四、小长蝽 ……………………………………………………（85）

　　五、耕葵粉蚧 …………………………………………………（87）

第六节　缨翅目害虫 ……………………………………………（88）

　　一、蓟马 ………………………………………………………（88）

第七节　其他有害生物 …………………………………………（91）

　　一、叶螨 ………………………………………………………（91）

　　二、灰巴蜗牛 …………………………………………………（93）

　　三、中国圆田螺 ………………………………………………（94）

第三章　玉米田杂草诊断与防治 ………………………………（95）

第一节　主要杂草 ………………………………………………（95）

　　一、葎草 ………………………………………………………（95）

　　二、酸模叶蓼 …………………………………………………（96）

　　三、藜 …………………………………………………………（96）

　　四、刺藜 ………………………………………………………（97）

　　五、反枝苋 ……………………………………………………（97）

　　六、长芒苋 ……………………………………………………（98）

　　七、马齿苋 ……………………………………………………（98）

　　八、朝天委陵菜 ………………………………………………（99）

　　九、铁苋菜 ……………………………………………………（100）

　　十、苘麻 ………………………………………………………（100）

　　十一、小马泡 …………………………………………………（101）

　　十二、田旋花 …………………………………………………（101）

　　十三、打碗花 …………………………………………………（102）

　　十四、圆叶牵牛 ………………………………………………（103）

　　十五、裂叶牵牛 ………………………………………………（103）

　　十六、龙葵 ……………………………………………………（104）

　　十七、曼陀罗 …………………………………………………（104）

　　十八、车前 ……………………………………………………（105）

　　十九、苍耳 ……………………………………………………（106）

二十、意大利苍耳 ·· （106）

二十一、萝藦 ·· （107）

二十二、刺儿菜 ·· （107）

二十三、苣荬菜 ·· （108）

二十四、抱茎苦荬菜 ·· （109）

二十五、狗尾草 ·· （109）

二十六、牛筋草 ·· （110）

二十七、稗 ·· （110）

二十八、马唐 ·· （111）

二十九、刺果藤 ·· （111）

第二节　常用除草剂 ·· （112）

一、封闭处理除草剂 ·· （112）

二、茎叶处理除草剂 ·· （113）

第三节　主要防治方法 ······································ （116）

一、播前杀草处理 ·· （116）

二、播后土壤处理 ·· （117）

三、苗后茎叶处理 ·· （117）

四、除草剂使用注意事项 ···································· （118）

五、其他除草技术 ·· （119）

参考文献 ·· （120）

第一章　玉米病害诊断与防治

第一节　真菌病害

一、玉米根腐病

【病原】

有 20 余种病原菌可以引起玉米根腐病，主要致病菌为腐霉菌（*Pythium* spp.）、立枯丝核菌（*Rhizoctonia solani*）、串珠轮枝镰孢菌（*Fusarium verticilioides*）、禾谷镰孢菌（*Fusarium graminearum*）等，一般由多种病原菌单独或复合侵染。不同地区病原菌组成存在差异，受生态环境因素影响较大。

【症状】

在玉米 3~6 叶期开始发病，植株矮小。发病初期，主要表现为中胚轴和整个根系逐渐变褐、变软、腐烂，根系生长严重受阻，根尖或根中部出现褐色病斑，病斑不断扩展，可使全部根系变褐，须根初期表现水渍状，变黄，后腐烂坏死，根皮容易脱落。病害可蔓延至上部，茎基、叶片、叶鞘，出现云纹状褐色病斑。发病较轻的可在固定根萌出后病状减轻，但长势明显减弱，后期影响产量，或发展成茎基腐病；严重时，叶片出现火烧状枯死，茎基也发生腐烂，用手轻轻一提即可拔起。

【发病规律】

病原菌主要以菌核、菌丝体在土壤、种子或病残体中越冬，翌年春季直接或通过伤口入侵，造成根部腐烂，严重时整个根系坏死，造成植株死亡。从播种至出苗均可发生，遇合适发病条件开始侵染，可以通过根腐病发病后在植株体内扩展到茎基部引起茎基腐病，再沿茎秆扩展到穗部，引起玉米穗腐病，播种期为病菌最佳侵入期，根腐病发病率最高。

玉米苗期根腐病条件：土温低、湿度大、黏质土发病重，播种前整地粗放、种子品质不高、播种过深、土壤贫瘠易发病。

　　首先,菌源数量、环境条件是最为重要的因素,连作地病重,轮作地轻。冀北春玉米区基本上是连作,土壤中菌源大量积累,只要条件适合就容易发病。其次,是施肥方面,用有病残体的秸秆还田,施用未腐熟的粪肥、堆肥或农家肥,使病菌随之传入田内,造成菌源数量相应增加。

　　玉米播种至出苗期间的土壤温湿条件与发病的关系密切,土壤温湿度对玉米种子萌发、生长和病菌冬孢子的萌发有直接影响。幼苗生长适温与冬孢子萌发的适温一致,约为25℃,春季气温干燥,造成病害流行。另外,春季气温较低、光照不足,有利于冬孢子萌发,在平川下湿地、背阴地发病重;播种过早或过深,积温不够,出苗时间延长,也会使病菌侵染增加。

【防治方法】

　　(1) 杜绝病株秸秆还田,减少再侵染源,有条件的地块实行大面积轮作。

　　(2) 适期播种,不宜过早。目前北方春玉米区普遍存在播种偏早的现象,个别地区4月上中旬就开始播种,土壤温度偏低,并不利于种子发芽,种子在土中居留时间很长,极易感染土中各类病菌及受地下害虫为害,导致幼苗弱小、感病(如苗枯病、丝黑穗病)和缺苗断垄,所以北方春玉米区一定要掌握土壤表层5~10cm地温稳定在10~12℃时播种,以4月25日至5月初为宜。

　　(3) 采用高垄或高畦栽培,认真平整土地,防止大水漫灌和雨后积水。苗期注意松土,增加土壤通透性。

　　(4) 提倡采用地膜覆盖以提高地温,促进早发苗。

　　(5) 选用抗病品种,如郑单958、浚单20、农大108、伟科702、巡天969等。

　　(6) 选用优质种子。选用发育健全、发芽率高、饱满度好、纯度和整齐度高的种子,播种前去掉虫蛀粒、坏籽、霉籽,并晒种2~3d,以杀灭种子表皮的病菌,增强种胚生活力,提高种子发芽率。并采用26%噻虫·咯·霜灵、18%辛硫·福美双等药物拌种或种衣剂包衣,以杀灭种子周围土壤及土壤中的有害微生物和害虫。

　　(7) 增施硫酸钾、氯化钾等含钾复合肥或每亩用纯钾6~7kg作基肥。多划锄,提高地温。加强肥水管理,促苗壮。

　　(8) 化学防治。发病初期喷洒或浇灌50%甲基硫菌灵可湿性粉剂500倍液或50%多菌灵可湿性粉剂500倍液,或配成药土撒在茎基部。也可用95%噁霉灵可湿性粉剂4 000倍液喷药。发病较重地块用50%多菌灵或70%

甲基硫菌灵可湿性粉剂 1 000 倍液每株用 100g 药液灌根，也可选用多元复合微肥加磷酸二氢钾叶面喷雾。

钾肥灌根防治，病株率在 10% 以上的，亩（1 亩 ≈ 667m² ）用氯化钾 3～5kg，或草木灰 50kg；病株率在 10%～20% 的，亩用氯化钾 8～10kg，或草木灰 80～100kg；病株率在 30% 以上的，亩用氯化钾 10～15kg，或草木灰 100～150kg。施用时，将氯化钾溶水灌穴，草木灰宜单独施用，切忌与化肥和水粪一起施用。

二、玉米苗枯病

【病原】

苗枯病由轮枝镰孢菌（*Fusarium verticilioides*）、禾谷镰孢菌（*Fusarium graminearum*）、玉米丝核菌（*Rhizoctonia solani* Kühn）、串珠镰刀菌（*Fusarium moniliforme*）等多种真菌单独或复合侵染引起。

【症状】

玉米苗枯病主要发生在玉米苗期，先在种子的根或根尖处发生褐变，以后扩展到整条根系，致使根毛减少，无次生根或仅有少量次生根，根系呈黑褐色向上蔓延至茎基部，引起茎部水浸状腐烂并易断裂，叶鞘也变褐撕裂。植株生长缓慢，发育不良，明显矮化，叶片萎蔫发黄，叶缘呈枯焦状，心叶卷曲易折，叶片自下而上逐渐干枯。玉米苗枯病无次生根的植株死苗，有少量次生根的形成弱苗，并在靠近地面处产生白色粉状物。为害轻的地上部没有明显症状表现，一般在 2 叶 1 心期开始，第 1、2 叶的叶尖发黄并逐渐向叶片中部发展，为害严重时心叶逐渐青枯萎蔫，造成植株死亡。

【发生规律】

种子可带菌传播，病菌也可随病残体越冬成为未来的初侵染。低温高湿气候条件有利于病害发生流行。近年，随着秸秆还田和少免耕技术及不抗病品种的推广，玉米苗枯病发生有加重趋势。苗枯病已对生产造成很大影响，感病品种的病苗率达 30%～40%，发病严重的主要原因是秸秆还田面积的迅速增加，以及持续秸秆还田多年连作导致的土壤中病菌数量大和种子带菌，种子带菌是苗枯病发生早并能形成中心病株的主要原因。病菌的芽管和菌丝与玉米种子或幼苗接触，从种皮裂口、幼嫩部位伤口侵入或直接侵入萌发的种子、侧根或幼茎，菌丝体在细胞内生长繁殖，引起组织崩解和死亡。气候条件是发病的主要诱因，春播玉米 4 月下旬至 5 月上旬，阴雨天较多，土温低，发病率高。未包衣或未使用杀菌剂拌种的田块，沙质土、地势低洼、播种过深、苗期生长弱的地块，麦套玉米田和连年种植玉米的地块发病重。田间管理粗放、地下害虫严重的地块发病重。品种间的抗性差异明显。鲁单50、鲁单981、农大108、泰玉2号、连玉19等发病较重。

【防治方法】

（1）合理轮作倒茬。由于常年小麦、玉米进行连作，导致病原菌积累，合理安排茬口可以降低病害的发生。

（2）选用抗病品种。选用抗病性较强的郑单958、豫玉22、登海11、丹玉13和掖单2号。

（3）种子处理。采用种衣剂包衣或用三唑类杀菌剂等拌种、浸种。如用25%三唑酮乳油拌种（拌种量为0.3%~0.4%）和用2.5%咯菌腈悬浮种衣剂10g加水100mL，拌种5kg。

（4）严格掌握播种深度。播种深度一般为3~5cm，在玉米苗枯病发病地块尽量浅播，以利早发苗、出壮苗。

（5）加强田间管理。拔出弱苗、病苗，雨后中耕除草，避免土壤板结。增施磷钾肥，培育壮苗，促进根系生长，提高植株抗病能力。

（6）药剂防治。苗枯病发病初期及时用药，可选用50%多菌灵可湿性粉剂600倍液、20%三唑酮乳油1 000倍液、95%噁霉灵可湿性粉剂3 000倍液等进行药剂防治，必要时进行灌根处理。同时结合95%磷钾肥营养液一起施用，以促壮苗早发。

三、玉米大斑病

【病原】

该病的病原无性态为大斑凸脐孢菌 [*Exserohilum turcicum* （Pass.） Leonard & Suggs]，有性态为大斑刚毛球腔菌 [*Setosphaeria turcica* （Luttrell） Leonard & Suggs]。自然条件下很少发现玉米大斑病菌的有性态，菌丝体发育温度为13~30℃，最适温度为20℃。孢子萌发和侵入的最适温度为23~25℃，致死温度为50℃，10min。分生孢子的形成、萌发和侵入都需要高湿条件。

【症状】

全生育期发生，苗期少见，生长后期尤其抽雄以后病害逐渐加重。主要为害玉米叶片，严重时蔓延至玉米植株叶鞘、苞叶。玉米大斑病一般从叶片底部开始向上拓展，并随着大斑病侵袭，整株玉米都会受到大斑病的为害。部分玉米在患有大斑病后，从中部、上部叶片等部位开始发病。玉米叶片受大斑病侵染时，叶片上会形成较大核状病斑。最初玉米叶片会出现水渍状的灰绿色、青灰色小斑点，在大斑病扩展后，斑点颜色会变为淡褐色、暗褐色，斑点形状会逐渐变为长纺锤形、菱形的大斑点。斑点长度一般为6~10cm，宽度为1~1.5cm。叶片潮湿时，大斑病所引起的斑点会产生黑褐色的霉层，随着病斑的生长，玉米叶片会在病斑连合纵裂时枯死。简而言之，玉米大斑病典型症状是小病斑会快速拓展为长条状的菱形大斑，严重时病斑长度为10~30cm。

【发生规律】

大斑病主要以病斑内的菌丝体和病斑表面附着的分生孢子在田间病残体、含有未腐熟病残体的土杂肥、玉米秸垛中越冬。带病种子或混杂在玉米种中的病残体又可称为初侵染源。分生孢子越冬前和在越冬过程中，细胞原生质逐渐浓缩，形成抗逆力很强的厚垣孢子，每个分生孢子可形成1~6个厚垣孢子，因此，越冬的厚垣孢子也是初侵染源之一。越冬病残体里的菌丝在适宜的温湿度条件下产生分生孢子，借风雨、气流传播到植株上，在适宜条件下，从表皮细胞或表皮细胞间直接侵入，少数从气孔侵入，叶片正反面均可侵入。在23~25℃，6~12h即可完全侵入。病菌侵入后10~14d，在湿润条件下，会产生大量分生孢子，随气流雨水传播进行再侵染。在整个鲜食玉米生育期，可发生多次再侵染。

【防治方法】

（1）种植抗病品种。根据各地的优势小种选择抗病品种，在选用优质品种时，要考虑到当地的气候条件以及种植需求，尤其是在大斑病常发的种植区，选用的玉米品种必须具备极强的抗病性。与此同时，要加强对玉米品种的科学搭配以及轮换使用，避免品种过于单一，使得玉米大斑病能够从根本上得到控制。

（2）减少菌源。发病初期，及时摘除病株底部病叶并带出田间销毁；秋收后清除田间遗留的病残体，集中烧毁，或深耕深翻，压埋病原，促进植株残体腐烂。

（3）加强田间管理。增施有机肥，增施磷钾肥，科学排灌，合理安排株行距提高田间通风透光能力，降低田间湿度，促使玉米健壮生长，增强抗病力，有助于延缓病害发生。土壤有机质含量低、通透性差的单作田及玉米多年连作田有利于该病发生。

（4）生物防治。可采用24%井冈霉素水剂30~40mL/亩、200亿/mL枯草芽孢杆菌水剂70~80mL/亩，喷施3~5次。

（5）化学防治。化学防治的重要时期在抽穗期或发病早期。在此时期可喷施药剂防治，使用250g/L吡唑醚菌酯乳油40~50mL/亩，防治效果最佳。除此以外，还有23%醚菌·氟环唑悬乳剂30~50mL/亩、40%唑醚·戊唑醇15~20g/亩等药剂，喷施2~3次，此期间还应注意叶片都要各方位喷施到，并且喷药期间增强植株透光和通风。另外选择芽孢杆菌与苯醚甲环唑、丙森锌混合使用可减少农药的使用量，并且可增加效益。

四、玉米小斑病

【病原】

该病的病原无性态为平脐蠕孢属玉蜀黍平脐蠕孢菌［*Bipolaris maydis* (Nishik & Miyake) Shoemaker］，有形态为子囊菌门旋孢腔菌属异旋孢腔菌（*Cochliobolus heterostrophus* Drechsler）。菌丝发育温度10~35℃，最适温度28~30℃。分生孢子形成的温度15~33℃，最适温度23~25℃，分生孢子的形成和萌发均要高湿的条件，抗干燥能力很强。子囊壳形成最适温度为26~33℃，低于17℃不能形成子囊壳。成熟的子囊壳接触水分后破裂，释放出子囊和子囊孢子。玉米小斑病菌在田间条件下，除侵染玉米外，还可侵染高粱。

【症状】

玉米小斑病主要发生在叶部，此病除为害叶片、苞叶和叶鞘外，对雌穗和茎秆的致病力也比大斑病强，可造成果穗腐烂和茎秆断折。其发病时间比大斑病稍早。发病初期，叶片上会出现半透明水渍状褐色小斑点；发病中期，水渍状小斑点逐渐扩大为（5~16）mm×（2~4）mm的椭圆形褐色病斑，轮廓由模糊变得清晰，边缘颜色加深为赤褐色，并且长出两三层同心轮纹；发病末期，病斑得到进一步发展，病斑内部略褪色，之后渐变为暗褐色。如果天气潮湿，斑点上会生出暗黑色霉状物（分生孢子盘），里面的分生孢子是造成玉米小斑病的罪魁祸首。玉米叶片受害严重，导致叶绿组织受损，叶绿素减少，削弱了玉米的光合作用，最终造成玉米减产。

【发生规律】

病菌以菌丝体和分生孢子在田间病残体、含有未腐烂的病残体的粪肥上越冬，是翌年发病的初侵染源。越冬菌丝在春季适宜的温度和湿度条件下，产生分生孢子，借风雨气流传播到玉米叶片上，直接侵入或间接侵入。在潮湿的环境下，发病植株上产生的大量分生孢子随气流或雨水反复侵染，一个生长季节可进行多次再侵染。种子亦可带菌，春、夏玉米两季播种地区，夏玉米发病重而普遍,重者叶片可达枯焦程度。

【防治方法】

(1)因地制宜选用抗病品种。如农大108、郑单958、成单10号等。

(2)加强栽培管理。在拔节及抽雄期追施复合肥,及时中耕、排灌,促进健壮生长,提高植株抗病力。

(3)清洁田园。将病残体集中烧毁,减少发病来源。

(4)药剂防治。发病初期及时喷药,常用药剂有45%代森铵水剂78~100mL/亩,或22%嘧菌·戊唑醇悬乳剂40~60mL/亩,或27%氟唑·福美双可湿性粉剂60~80g/亩,或18.7%丙环·嘧菌酯悬乳剂50~70mL/亩,24%井冈霉素水剂30~40mL/亩喷雾。从心叶末期到抽雄期,每7d喷1次,连续喷2~3次。

五、玉米灰斑病

【病原】

玉米灰斑病的病原菌只有2个种:1991年在丹东发现的首例玉米灰斑病的病原菌为玉蜀黍尾孢菌(*Cercospora zeae-maydis* Tehon & Daniels),这是国内大部分玉米产区灰斑病的致病菌;直到2013年在西南地区首次发现并报道了玉米尾孢菌(*Cercospora zeina*)。前者是北方地区玉米灰斑病的唯一致病种,而后者是西南地区玉米灰斑病的主要致病种。比较这2种致病菌的生物学特性,发现玉米尾孢菌的分生孢子萌发要求较低的温度和偏碱性的条件,说明玉米尾孢菌的分布范围要比玉蜀黍尾孢菌窄。由于玉米尾孢菌灰斑病发现得较晚,国内有关它的系统研究还较少。

【症状】

玉米灰斑病主要发生在玉米成株期的叶片、叶鞘及苞叶上。发病初期为水渍状淡褐色斑点,以后逐渐扩展为浅褐色条纹或不规则的灰色至褐色长条斑,这些条斑与叶脉平行延伸,病斑中间灰色,边缘有褐色线。病斑大小为(4~20)mm×(2~5)mm,到中后期多数病斑结合后使叶片变黄枯死,失去光合作用功能,湿度大时,病斑后期在叶片两面(尤其在背面)均可产生灰黑色霉状物,即病菌的分生孢子梗和分生孢子。病重时玉米叶片大部分变黄枯焦,果穗下垂,百粒重下降,严重影响玉米的产量和品质。

【发生规律】

病菌主要以菌丝体在病株残体上越冬,在地表病残体上可存活7个月,但埋在土壤中病残体上的病菌则很快丧失活力。翌年气候条件适宜,病菌从子座组织上产生分生孢子，萌发产生芽管，从气孔侵入。以后病斑上产生分生孢子借风雨传播，进行反复侵染。该病主要在玉米抽穗后侵染植株叶片。灰斑病的发生受气候条件影响较为明显，尤以湿度最为关键，多雾多露有利于分生孢子的形成、萌发和侵染，22~30℃、相对湿度大于95%利于发病，故温暖、湿润的山区和沿海地区病害易于发生。一般7月下旬，从脚叶开始发病，8月缓慢发展至中部叶片；8月中旬玉米抽雄开花后田间湿度加大，玉米灰斑病为害加重；8月下旬至9月上旬迅速暴发流行。植株叶片的生理年龄影响病害发展，病害多从下部叶片开始发生。氮肥少、后期脱肥、管理粗放的地块发病较重。免耕或少耕的田块由于病残体积累发病严重。玉米品种间抗病性有明显差异。

【防治方法】

（1）选用抗病良种。通过近年引种试验与观察，较抗玉米灰斑病的品种有华兴单7号、华兴单88号、师单8号、云瑞47号、云瑞2号、云优78、五谷3861等，生产上应注意品种的合理布局和轮换，阻止病菌优势小种的形成，保持品种抗病性的相对持久和稳定。

（2）消除菌源。田间病残体是玉米灰斑病主要的初侵染源。玉米收获后，要及时清除玉米秸秆等病残体，减少田间初侵源；畜厩肥要堆沤使其充分腐熟后才能施入土壤；要创造条件进行水旱轮作或与其他科作物轮作；播种时进行药物浸种或拌种，用药量按种子重量计算，50%多菌灵可湿性粉剂为种子重量的0.5%，15%三唑酮可湿性粉剂为种子重量的0.3%~0.4%；若发现玉米发病，在病株率达到70%，病叶率达20%时，摘除病株下部2~3片病叶，避免病害的再次侵染。

（3）加强栽培管理。

①适时早播：针对玉米灰斑病发生和为害的实际，充分利用前期的光热资源使玉米危险期与发病高峰期错开，适时早播，提前收获，对玉米避病和增产有较明显的作用。

②合理密植，实施规格化栽种：根据不同品种、不同地块，玉米下种前1d去掉杂质、霉变种子，提高出苗率和齐苗率。没有包衣的种子下种时，每亩用种子2.0~2.5kg拌50%辛硫磷乳油10mL现拌现播，防治地下害虫。行株距70cm×23cm，晴天播种，盖种土可适当盖深，土较潮湿时播可适当浅，每亩4 100株；也可宽窄行，大行距90cm，小行距35cm，株距25cm，每穴播2~3粒，留单株，每亩4 200株。

③科学平衡施肥，提高抗病能力：玉米的适宜施肥量应根据目标产量所

需要的氮、磷、钾数量及土壤的肥料利用率计算。一般亩产500kg，需亩施尿素30～40kg，普钙50kg，硫酸钾15～20kg，有机肥800～2000kg。有机肥作基肥，翻耕前施入，普钙作底肥，尿素10kg作苗肥、20kg作穗肥（大喇叭口期施）、10kg作粒肥（灌浆期施），钾肥作穗肥和粒肥各占50%。

④大面积轮作：要创造条件进行水旱轮作或与其他科作物进行大面积轮作，减少玉米灰斑病对玉米的连续性为害。

⑤加强田间管理：玉米种植以后，要挖好墒沟、腰沟、埂沟，达到下雨完田间无积水，避免形成田间高温高湿的小气候环境，同样能达到预防玉米灰斑病发生的目的。

⑥与其他农作物合理套种：主要采用玉米套种魔芋、马铃薯的方式。套种能改善田间的通风透光条件，减少荫蔽度，降低田间湿度，减少玉米灰斑病的发生。

（4）科学用药，适时防治。

玉米大喇叭口期是防治玉米灰斑病的关键时期，丙环唑类、苯醚甲环唑类2类药剂是防治玉米灰斑病效果较好的药剂。中部叶片发病或大喇叭口期用75%肟菌·戊唑醇水分散粒剂15～20g/亩，10%醚甲环唑1 500倍液，25%丙环唑3 000倍液兑水喷雾防治，亩用药液60～70kg，每10～15d喷1次，共喷2～3次，交替用药。也可用80%炭疽福美可湿性粉剂800倍液、75%百菌清可湿性粉剂500倍液，25%苯醚甲环唑乳油、25%嘧菌酯悬浮剂、40%福硅唑乳油等，任选1种兑水45～50kg喷雾防治，防治2～3次，间隔期为10d。还可在玉米开花授粉后或发病初期，用80%代森锰锌500倍液或50%多菌灵可湿性粉剂800倍液喷雾，或每亩用25%苯甲·丙环唑乳油15mL兑水40～60kg喷雾，间隔7～10d再喷雾1次，效果较好。为防止田间湿气滞留，引发玉米灰斑病的再发生，在发病初期喷75%百菌清可湿性粉剂500倍液或50%多菌灵可湿性粉剂600倍液、50%苯菌灵可湿性粉剂1 500倍液、25%苯菌灵乳液800倍液。

六、玉米圆斑病

【病原】

该病的病原无性态为玉米圆斑离蠕孢菌 [*Bipolari szeicola*（G. L. Stout）Shoemaker]。有性态是炭色旋孢腔菌（*Cochliobolus carbonum* Nelson）。

【症状】

玉米圆斑病为害叶片、果穗、苞叶和叶鞘。叶片上病斑散生，初为水浸状，淡绿色或淡黄色小斑点，以后扩大为圆形或卵圆形，有同心轮纹，病斑中部淡褐色，边缘褐色，并有黄绿色晕圈，大小为（3~13）mm×（3~5）mm。有时出现长条状线形斑，大小为（10~30）mm×（1~3）mm。病斑表面也生黑色霉层。苞叶上病斑初为褐色斑点，后扩大为圆形大斑，也具有同心轮纹，表面密生黑色霉层。为害果穗时先在果穗顶部或穗基部苞叶上发病，逐渐向果穗内部蔓延扩展，可深达至穗轴。病部变黑凹陷，使果穗变形弯曲。籽粒变黑、干秕，失去生活力。后期在籽粒表面和苞叶上长满黑色霉层，即病原菌的分生孢子梗和分生孢子。叶鞘上的症状与苞叶相似，但形状不规则，表面也产生黑色霉层。

【发生规律】

病菌可在籽粒上潜伏越冬，翌年带菌种子的传病作用很大，有些染病的种子不能发芽而腐烂在土壤中，或直接引起幼苗发病或枯死。此外遗落在田间或秸秆垛上残留的病残体，也可成为翌年的初侵染源。条件适宜时，越冬病菌孢子传播到玉米植株上，经1~2d潜育萌发侵入。病斑上又产生分生孢子，借风雨传播，引起叶斑或穗腐，进行多次再侵染。玉米吐丝至灌浆期，是该病侵入的关键时期，一般在玉米抽雄前后开始发病，7—8月低温高湿条件有利于病害的流行扩展。若6月气温较低，阴雨多，湿度大，玉米幼苗也能发病。田间相对湿度85%以上时，数天内就可在叶片上产生病斑。8月叶片和苞叶病斑上产生大量分生孢子，随气流传播，重复侵染。

【防治方法】

（1）种植抗病品种。种植抗病品种是预防病害最经济有效的方法，各玉米品种间对玉米圆斑病的抗病性差异较大。目前无对圆斑病的免疫品种，在推广的玉米品种中大多数对圆斑病表现为抗性，抗圆斑病的自交系和杂交品种有二黄、铁丹8号、英55、辽1311、吉69、武105、武206、齐31、获白、H84、017、吉单107、春单34、荣玉188、正大2393和金玉608等。

（2）清洁田园，加强栽培管理。清除病残体，烧毁或深埋；增施有机肥，合理密植，注意排涝，降低田间湿度，提高植株抗病能力。

（3）药剂防治。在玉米吐丝盛期，即50%~80%果穗已吐丝时，向果穗上喷施25%三唑酮可湿性粉剂250~500倍液，或50%多菌灵、80%代森锰锌可湿性粉剂500倍液，隔7~10d喷1次，连续防治2次。对感病的自交系或品种，于果穗吐丝期喷施25%三唑酮可湿性粉剂1 000倍液，或40%氟硅唑乳油8 000倍液，隔5~10d喷1次，连续喷施2~3次。

七、玉米弯孢叶斑病

【病原】

玉米弯孢叶斑病病原无性态为弯孢霉属新月弯孢菌［*Curvularia lunata* (Walker) Boed］；有性态为子囊菌门旋孢腔菌属新月旋孢腔菌 (*Cochliobo luslunatus* Nelson & Haasis)。引起弯孢菌叶斑病的病原还有不等弯孢菌 (*C. inaeguacis*)、苍白弯孢霉 (*C. pallescens*)、画眉草弯孢霉 (*C. eragrostidis*)、棒状弯孢菌 (*C. clavate*) 和中隔弯孢菌 (*C. intermedia*) 等。弯孢属的菌丝体褐色至深褐色，产生黑色子座。分生孢子梗单枝，深褐色，有隔膜，平滑；分生孢子广椭圆形、广菱形或倒卵形，3~4 个隔膜，褐色，多弯曲。寄生性较弱，寄主广泛，除玉米外，还常引发水稻、高粱和禾本科杂草等作物的叶斑病或种子霉烂。

【症状】

玉米弯孢叶斑病主要为害叶片，有时也为害叶鞘、苞叶。发病初期病斑小（直径 1~2mm），为淡黄色透明点，扩大后为圆形、椭圆形、梭形或长条形病斑，病斑大小为 (2~5) mm× (1~2) mm，严重时可达 7mm×3mm，病斑中央乳白色，边缘呈黄褐色或红褐色，外围有明显的淡黄色晕圈，直径为 2~7mm，并具有黄褐相间的断续环纹，对光观察更为明显。潮湿条件下，病斑正反两面均产生灰黑色霉状物（可与眼斑病区别）。高感品种全株叶片密布病斑，有时病斑互相汇合，形成大斑，长达 10mm，但受叶脉限制，与灰斑病症状相似，要注意区别。后期叶片局部或全部枯死。湿度大时，病斑正、背两面均可见灰色分生孢子梗和分生孢子，背面居多。

【发生规律】

玉米弯孢叶斑病病原菌能在土壤和植物叶面安全存活，以菌丝体或分生孢子潜伏于病残体组织中越冬，也能以分生孢子状态越冬，遗落于田间的病叶和秸秆是主要的初侵染源。每年拔节期和抽雄期，正值高温雨季，病残体上产生大量的分生孢子，借气流和雨水传播到叶片上，在有水膜的条件下，分生孢子萌发侵入，引起发病并表现症状，同时产生分生孢子进行反复侵染。病菌分生孢子最适萌发温度为 30~32℃，最适的湿度为超饱和湿度，相对湿度低于 90% 则很少萌发或不萌发。玉米抗病性随植株生长而递减，苗期抗性较强，9~13 叶期易感病，抽雄后是该病的发生流行高峰期，此病属于成株期病害，苗期少见发生，玉米苗期对该病的抗性高于成株期。华北地区发病高峰期是 8 月中旬至 9 月上旬，于玉米抽雄后。高温、高湿、降雨较多的年份有利于发病，低洼积水和连作地发病较重。玉米种植过密、偏施氮肥、防治失时或不防治、管理粗放、地势低洼积水和连作的地块发病重。

【防治方法】

（1）种植抗病品种。加强品种抗病性鉴定，推广抗病品种是防治该病的根本措施。不同品种对玉米弯孢叶斑病的抗病性存在差异，经多年多地调查鉴定，综合评价不同的玉米品种对玉米主要病虫害的抗性也不同，因地制宜选用这些品种来替代感病品种，同时注意品种间的合理布局和轮换。目前较为抗病品种有农大108、郑单14、农大951、掖单12号、郑单7号、单玉13号、韩丰79；发病较重的有浚单18、掖单13号和郑单958等。

（2）适时早播。合理密植，因地制宜适时早播，促进早熟。玉米弯孢叶斑病发病盛期正值玉米灌浆期，此病造成功能叶片受害，光合产物降低，晚播玉米受害损失率高于早播地块。合理密植可创造有利于玉米生长、不利于病害发生的环境条件，可减轻病害发生。

（3）清除残株。玉米收获后及时清理病残体，集中烧毁，以减少初侵染源。发病的玉米植株不宜秸秆还田，尽量清除干净并焚烧残留茎叶，减少越冬菌源，若秸秆直接还田，则应充分粉碎，并深耕，减少越冬虫卵和初侵染源。

（4）加强栽培管理，科学施肥合理轮作。合理密植，增施有机肥，合理增施钾、锌肥，能使玉米发育健壮、快速，增强植株抗病能力，明显提高抗病性。

（5）药剂防治。于7月中下旬，玉米拔节期至大喇叭口期，田间发病率在10%左右时进行喷药防治，可用75%百菌清可湿性粉剂500~600倍液，或50%福美双可湿性粉剂600~800倍液，或50%多菌灵600~800倍液，每亩喷药液50~60kg。由于农药的有效期较长，对后期的病情有较好的预防作用。如果气候条件适宜发病时，1周后最好再防治1次。注意，玉米弯孢叶斑病虽然是成株期的病害，但是早期做好预防和保护才会有较好的防治效果，因为后期喷药太难。

八、玉米褐斑病

【病原】

该病的病原是鞭毛菌亚门节壶菌属玉蜀黍节壶菌（*Physoderma maydis* Miyabe），是一种专性寄生菌，寄生在薄壁细胞内。休眠孢子生于寄主体内，卵圆形或球形，深褐色，膜厚光滑，一侧扁平。越冬后的休眠孢子

（囊）仅在光照下发芽，发芽时休眠孢子开口，游出单鞭毛游动孢子，萌发后产生丝状菌丝，菌丝穿过寄主细胞壁而扩展，并产生膨大营养体细胞形成孢子囊，孢子（囊）顶端具有乳头，乳头溶化后涌出大量游动孢子。

【症状】

该病主要发生在玉米叶片、叶鞘及茎秆。该病先在顶部叶片的尖端发生，初侵染病斑为水浸状褪绿小斑点，小病斑常汇集在一起，严重时在叶片上全部布满病斑，在叶鞘上和叶脉上出现较大的褐色斑点，叶鞘、叶脉上的病斑较大，红褐色到紫色，常连片致维管束坏死，随后叶片由于养分无法传输而枯死。成熟病斑中间隆起，内为褐色粉末状休眠孢子堆，休眠孢子埋藏于叶肉细胞组织中，叶片上病斑连片并呈垂直于叶脉的病斑区和健康组织相间的黄绿条带，这也是区别于其他叶斑病的主要特征。

【发生规律】

病菌以孢子囊在土壤或病残体中越冬，翌年病菌随气流或风雨传播到玉米植株上，遇到合适条件萌发、释放出大量游动孢子，侵入玉米幼嫩组织内引起发病。休眠孢子在26℃时萌发率最高，温度20~30℃、湿度85%以上、降雨较多的天气条件有利于褐斑病流行。7月至8月上旬温度高、湿度大，有利于发病。在土壤瘠薄的地块，病害发生严重，在土壤肥力较高的地块，玉米健壮，叶色深绿，病害较轻，甚至不发病。玉米12片叶后发病较轻。

【防治方法】

（1）选种抗性好的品种。生产上应以种植抗耐病性强的品种为主，如中科11、鲁单981等，压缩感病品种的种植面积，亲本中含有唐四平头亲缘的玉米品种易感病，如沈单16号、陕单911、豫玉26等。

（2）及时处理田间病残体。田间病害发生较重时，切忌秸秆还田或用病残体沤肥，对病残体要进行深埋处理。用病残体沤制的有机肥，要经过高温充分腐熟后才能施用。

（3）实行3年以上的轮作倒茬，逐年降低土壤中病原菌的数量。不要随意加大栽培密度，以提高田间通透性。

（4）施足基肥。种植玉米前，应尽可能地多施有机肥，以培肥地力。要大力推广旱播与配方施肥技术，旱播可使玉米在苗期得到锻炼，根多、根深、苗壮。配方施肥，增施氮、磷、钾肥。在玉米4~5片叶时，及时追施苗肥，施氮、磷、钾复合肥每亩10~15kg，注意氮、磷、钾肥的搭配。在合理追肥的同时，适时浇水，并及时中耕除草。

（5）控制墒情。严重干旱时，要及时浇水；雨水多，田间积水时，要及时排涝。并及时中耕保墒，降低田间湿度，改良田间小气候。

（6）化学防治。在玉米4~5片叶时，若种植的品种不抗病，属感病品种，且此时温度高，降水量大，田间湿度大，光照时间短，适宜于病害发生，应及早预防。药剂可用25%三唑酮可湿性粉剂1 000~1 500倍液，或50%多菌灵可湿性粉剂500~600倍液，或70%甲基硫菌灵可湿性粉剂500~600倍液等杀菌剂进行叶面喷洒，能起到较好的预防效果。在玉米褐斑病发病初期及时用上述药剂进行叶面喷洒，都有很好的防治效果。同时，喷洒药剂时可加入适量的磷酸二氢钾、尿素、双效活力素或其他叶面肥，补充玉米营养，促进玉米健壮生长，提高抗病能力，从而提高防治效果。喷洒药剂时，可结合气候条件，间隔7d左右喷1次，连喷2~3次。喷药后6h内遇降雨应重喷。以苯来特和氧基萎锈灵防效好，可用药每亩0.1kg兑水50kg进行叶面喷雾。

九、玉米锈病

【病原】

玉米锈病病原有3种，分别为由高粱柄锈菌（*Puccinia sorghi* Schw.）引起的普通型锈病、玉米多堆柄锈菌（*P. polysora* Unedrw.）引起的南方型锈病和由玉米壳锈菌［*Physopella zeae*（*mains*）Cummins & Ramacharn］引起的热带型锈病。玉米锈病在我国主要是由高粱柄锈菌引起的普通型锈病和玉米多堆柄锈菌引起的南方型锈病，以南方型锈病对玉米的产量影响最大。云南省以普通玉米锈病为主，发生面积和为害程度逐年增加。玉米锈病的越冬孢子和夏孢子通过气流远距离传播，高温高湿条件有利于病害的发生，一般在气温20~30℃、相对湿度95%以上时病害发生和流行，随着雨季病害发病加重，8月下旬发病达到高峰。

【症状】

玉米锈病是一种玉米种植中较为常见的病害，可以发生在玉米作物上任一部位，更多的是集中在叶片上。玉米锈病带来的为害较大，发病症状较为明显，初期叶片上出现针尖般大小的斑点，呈现疱疹状，如果得不到及时的控制处理，将逐渐形成隆起的夏孢子堆。夏孢子堆在玉米叶片上密集分布，多表现在叶表上。后期，玉米叶片上出现冬孢子堆，突破后表皮变为黑色，多个冬孢子堆汇合，加剧叶片枯死程度，抑制玉米生长。玉米锈病发病到后期，扩展成黑色疮斑，疮斑破裂后变成的黑色粉状物，即病原菌。

【发生规律】

玉米锈病是一种气传病害，尤其是在高温、多雨和光照不足的气候条件下，为玉米锈病发病提供流行条件。发病规律由于地域差异，多是在夏玉米生育后出现锈病。在山东济宁地区，多是在 6 月中旬出现少量的冬孢子，6 月底出现大规模的夏孢子堆，7 月下旬则达到高峰，8 月下旬夏孢子达到高峰。玉米锈病主要是依靠空气传播，8 月底是玉米锈病高发期。出现此种现象的原因在于 8 月降水丰富，阴雨潮湿天气条件下很容易滋生锈病病菌，加剧玉米病害严重程度，影响玉米产量。玉米锈病对于玉米生长影响较大，逐渐成为玉米种植的主要病害之一，需要予以高度关注。

【防治方法】

由于锈病是气传病害，后期发病，喷雾防治效果不理想，应注重及早防治。

（1）选育和利用抗病或中等抗病的品种。目前夏玉米区多数为与掖 478 有亲缘关系的感锈病品种，郑单 958、浚单 20、中科 11、先玉 335、鲁单 9006 属于感病品种；自交系齐 319 抗南方锈病，组配的鲁单 981、鲁单 50 抗性较好；农大 108、中科 4 号、登海 3 号、蠡玉 16、金海 5 号等有一定的抗性。

（2）施用酵素菌沤制的堆肥，增施磷钾肥，避免偏施、过施氮肥，提高寄主抗病力。

（3）加强田间管理，清除田间病残体，集中深埋或烧毁，以减少侵染源；适度用水，雨后注意排渍降湿。

（4）在感病品种连片种植且阴雨连绵的情况下，要密切注意观察病害发生情况，早防早治，力求在零星病叶期及时防治。在发病初期喷施 25% 三唑酮可湿性粉剂 1 500~2 000 倍液，或 25% 丙环唑乳油 3 000 倍液、12.5% 烯唑醇可湿性粉剂 4 000~5 000 倍液，隔 10d 左右喷 1 次，连续防治 2~3 次，控制病害扩展。

十、玉米炭疽病

【病原】

玉米炭疽病病原为禾生炭疽菌 ［Colletotrichzztm graminicola （Ces.）Wilson］，属半知菌类真菌。分生孢子盘分生或散生，黑色；刚毛暗褐色，具隔膜 3~7 个，顶端浅褐色，稍尖，基部稍膨大，大小为（60~119）μm×（4~6）μm；分生孢子梗圆柱形，单孢无色，大小为（10~15）μm×（3~

5）μm；分生孢子新月形，无色，单孢，大小为（17~32）μm×（3~5）μm；有形态为禾生小丛壳（*Glomerella graminicola* Politis）。

【症状】

玉米炭疽病主要为害叶片。病斑接近梭形，中央浅褐色，周围深褐色，病斑大小为 3.0mm×1.5mm。病部生有黑色小粒点，为分生孢子盘，后期病斑扩展、融合，直至叶片枯死。在严重发生时，这个病原菌也能造成植株顶端死亡，侵染玉米茎秆，引起玉米茎基腐，造成玉米减产。茎基腐引起的减产往往大于叶部病斑引起的产量损失。

【发生规律】

病原菌以分生孢子盘或菌丝块在病残体组织上越冬。翌年产生分生孢子，借风雨传播，进行初侵染和多次再侵染。高温多雨容易引起发病。

【防治方法】

（1）农业防治。一是选用无病种子或抗性品种；二是实行 3 年以上轮作，深翻土壤，及时中耕除草，提高地温；三是使用酵素菌沤制的堆肥或腐熟有机肥。

（2）化学防治。一是药剂拌种，用种子重量 0.5% 的 50% 苯菌灵可湿性粉剂拌种；二是发病初期立即喷药，可选用 50% 甲基硫菌灵可湿性粉剂 800 倍液，或 50% 苯菌灵可湿性粉剂 1 500 倍液，隔 7~8d 喷 1 次，连续防治 3~4 次。要交替用药，以防止病菌产生抗药性。

十一、玉米顶腐病

【病原】

病原菌是亚黏团镰刀菌（*Fusarium subglutinans*），是无性型真菌，其有性型是子囊菌（*Gibbrerela fiuikuroi*）。病原菌生长温度 5~40℃，适温 25~30℃，最适 28℃。分生孢子萌发温度 10~35℃，适温 25~30℃，低于 5℃和高于 40℃均不能萌发。人工接菌时，病原菌能侵染玉米、高粱、苏丹草、谷子、小麦、水稻、珍珠粟等作物以及狗尾草、马唐等禾草。

【症状】

玉米顶腐病在生长的整个周期都会表现出各种症状，5 叶期或 7 叶期，病菌在心叶、弱苗根部等幼嫩部位感染植株，造成叶片基部缺水干枯、腐败变质，围绕心叶部位形成一层紧密的隔离带，坏死的叶片部分使上方叶片不能自由伸展而呈现鞭状扭曲。还有一种情况是从心叶基部开始呈纵向开裂，致使叶片畸形、扭曲或褶皱等。苗期感染的植株通常矮化严重，解剖茎基部可见到纵向开裂的纹路，颜色变成褐色，并且根系发育不良，主根短小不明显，根系盘根错节不散开，根毛数量多且细薄，呈茸状，根部染病部位会出现粉红色或粉白色的霉状物。如果在玉米生长中期遇到暴雨、冰雹等恶劣天气造成植株倒伏弯折，则给病原菌从创伤处入侵创造了条件。叶片基部或边缘会出现刀切状的缺口，叶缘处叶绿素流失致使颜色由绿变黄，严重时叶片会脱落；或者叶片干枯、萎蔫、腐烂，基部边缘呈现灰褐色且整片叶面断裂；或者叶片从基部到叶尖全部皱缩不能展开呈长鞭状。叶片染病的植株，其邻近的茎节和叶鞘部位通常会腐烂开裂并出现铁锈一样的病斑，使茎秆硬度下降，迎风易折。由于叶片受损，光合作用的营养供应不足以支持感病植株生长发育，致使病株大部分无法正常结实。

【发生规律】

病原菌在土壤、病残体和带菌种子中越冬，成为下一季玉米发病的初侵染菌源。种子带菌还可远距离传播病害，使发病区域不断扩大。顶腐病具有某些系统侵染的特征，病株产生的病原菌分生孢子还可以随风雨传播，进行再侵染。不同品种感病程度不同，一般杂交种的抗病性强于自交系。不同栽培条件下的发病程度存在差异，一般来说，低洼地块、土壤黏重地块发病重，特别是水田改旱田的地块发病更重；而山坡地和高岗地块发病轻；种子在土壤中滞留时间长，幼苗长势弱，发病重；在水肥条件较好、栽培密度过大、超量施氮、多年连茬种植的地块，以及播种过早过深的地块发病重；杂草丛生、管理粗放的田块发病较重；高温、高湿、降雨天气有利于其发生及流行。

【防治方法】

（1）加强田间管理。及时中耕排湿提温，消灭杂草，防止田间积水，提高幼苗质量，增强抗病能力。对发病较重地块更要做好及早追肥工作，合理施用化肥，要做好叶面喷施锌肥和生长调节剂，促苗早发，补充养分，提高植株抗逆能力。

（2）剪除病叶。对玉米心叶已扭曲腐烂的较重病株，可用剪刀剪去包裹雄穗以上的叶片，以利于雄穗的正常吐穗，并将剪下的病叶带出田外深埋处理。对严重发病难以挽救的地块，要及时毁种。

（3）药剂防治。用种子重量 0.2%~0.3% 的 75% 百菌清可湿性粉剂，或 50% 多菌灵可湿性粉剂或 15% 三唑酮可湿性粉剂等广谱内吸性强的杀菌剂拌种。发病初期可选 300 倍液的 58% 甲霜灵锰锌，或 500 倍液的 50% 多菌灵加硫酸锌肥，或 500 倍液的 75% 百菌清加硫酸锌肥（锌肥用量应根据不同商品含量按说明用量的 3/4）喷施，同时将背负式喷雾器喷头拧下，沿茎基部灌入，每病株灌施药液 50~100mL。

十二、玉米纹枯病

【病原】

玉米纹枯病病原有 3 种真菌，立枯丝核菌（*Rhizoctonia solani* Kühn）、玉蜀黍丝核菌（*R. zeae*）和禾谷丝核菌（*R. cerealis*），主要由立枯丝核菌引起，为无性孢子类丝核菌属茄丝核菌，有形态为担子菌门亡革菌属爪亡革菌[*Thanatephorus cucumeris*（Frank）Donk]。

【症状】

玉米纹枯病可侵染叶鞘、叶片、果穗及苞叶，也会侵染种子、根系引起烂籽或苗期根腐病。病斑先出现在茎基部叶鞘上，再向上扩展蔓延。初期出现水渍状灰绿色的近圆形病斑，后逐渐扩展，变为白色、淡黄色到红褐色云纹斑块。病斑可沿叶鞘扩展至果穗，在苞叶上产生同样病斑，并侵入籽粒、穗轴，导致穗腐。后期可在病部叶鞘内侧形成黑褐色颗粒状、直径 1~2mm的菌核。湿度大时病斑上产生白霉，即菌丝和担孢子，以后产生菌核，初为白色，老熟后呈黑褐色。

【发生规律】

玉米纹枯病菌以菌核的形式在土壤中越冬，作为翌年侵染玉米的初侵染源。春季玉米最早在大喇叭口期到抽雄期发病。玉米纹枯病初期通常只为害叶鞘。发病初期，先在接近土壤的玉米茎基部叶鞘上出现病斑，随后病斑逐渐向四周扩展。在玉米抽雄期病情发展速度较快，在随后的吐丝灌浆期造成较大损失。7 月进入水平扩展高峰期，病株率迅速增加，此时病原菌主要在叶鞘上传染为害，几乎不侵染玉米茎秆。而 8 月中下旬进入侵染茎秆高峰期，在此期间出现大量茎秆腐烂，影响玉米养分和水分输送。9 月上中旬病原菌在玉米叶鞘和茎秆上形成菌核。玉米秸秆还田等秸秆再利用措施是玉米纹枯病近距离传播的主要途径。

【防治方法】

（1）农业防治。加强田间管理，注意排渍降湿，均衡施肥、避免偏施氮肥，合理密植或采用间作方式以降低田间湿度，及早剥除病叶控制病菌的蔓延。收获后及时清除田间植株病残体，深翻土壤，减少表层土壤中的菌核数量。

（2）选用抗病品种。有一些品种发病轻，具有一定的耐病性，可供选择种植。如掖单 22、农大 108、登海 1 号等。

（3）药剂防治。100kg 种子用 28% 噻虫嗪·噻呋酰胺种子处理悬浮剂 570~850mL 拌种，或用 24% 井冈霉素水剂 30~40mL/亩，喷雾防治 2~3 次。施药时要注意将药液喷到雌穗及以下的茎秆上以取得较好防治效果。

十三、玉米鞘腐病

【病原】

玉米鞘腐病由多种病原菌单独或复合侵染引起，主要病原菌有层出镰孢菌 [*Fusarium proliferatum*（Mats.）Nirenberg]、禾谷镰孢菌（*Fusarium graminearum*）、串珠镰孢菌（*Fusarium moniliforme*）、伏马菌素（*Fumonisins B*1）等，蚜虫等害虫也可引起鞘腐病。

【症状】

在田间自然条件下，病害主要发生于叶鞘部位，形成不规则褐色腐烂状病斑，故称鞘腐病。该病主要发生在玉米生长后期的籽粒形成直至灌浆充实期。病斑初为椭圆形或褐色小点，后逐渐扩展，直径可达 5cm 以上，多个病斑汇合形成黑褐色不规则形斑块，蔓延至整个叶鞘，致叶鞘干腐。叶鞘内侧褐变重于叶鞘外侧，田间偶尔可见病斑中心部位产生粉白色霉层（病菌菌丝体和分生孢子）。

【发生规律】

病原菌在病残体、土壤或种子中越冬，翌年随风雨、农具、种子、人畜等传播，遇合适条件侵染玉米发病。

【防治方法】

近年该病上升与部分育种材料抗病性差有关，选择抗病品种，培育抗病杂交种是首要防治措施。

引致茎腐病的病原物都是弱寄生菌，主要侵染生长势较弱的植株。加强栽培管理、合理施肥、合理密植、降低土壤湿度等措施可以使植株健壮，减轻茎腐病的发生程度。

合理轮作，深翻土地，清除病残和不施用未腐熟的有机肥，可以减少田间菌源，达到一定的防治效果。

发病初期在茎秆喷施 50% 咯菌腈可湿性粉剂等药剂，7~10d 喷施 1 次。

十四、玉米全蚀病

【病原】

玉米全蚀病是由禾顶囊壳菌玉米变种（*Gaeumannomyces graminis* var. *maydis*）引起的，属子囊菌亚门真菌。病菌在自然条件下子囊壳集生或散生，子囊壳梨形，暗褐色，具短颈，顶端有孔，周围生有褐色毛状菌丝，基部埋生于组织里，颈部穿透表皮外露，直或向一侧稍弯，子囊壳直径200~450μm，内有多数子囊。子囊棍棒形，无色，基部有柄，顶部有一折光性顶环，（60~100）μm×（9~12）μm，内有 8 个子囊孢子，束状排列，子囊孢子线形，无色，稍弯，一头钝，一头尖，有 3~8 个隔膜，内含有多数油球，（55.5~85）μm×（2.5~4）μm。病菌在自然条件下不易产生无性孢子。病组织内菌丝粗壮，栗褐色，锐角分枝，分枝处的主枝和侧枝各生一隔膜，连成"八"字形。病菌产生两种菌丝，一种是无色纤细的侵染菌丝，另一种为粗壮的褐色匍匐菌丝。病菌产生两种类型附着枝，一种是简单附着枝，似菌丝状分枝，另一种为近球形或扁球形附着枝，淡褐色，具柄，表面略有皱纹，常多个聚集成侵染垫，与水稻变种深裂状附着枝明显不同。病菌在 PDA 培养上菌落初为白色，绒状。菌丝纤细，沿基底放射状生长。培养后期菌落变灰黑色，并形成黑褐色的菌丝束和菌丝结。

玉米变种与小麦变种和水稻变种相比生长快，喜高温，耐酸性，但在碳源利用上无明显差异。室内苗期接种玉米变种对玉米、高粱、谷子、小麦、大麦和水稻都能侵染，但对玉米致病性最强。玉米全蚀病菌可产生毒素，对寄主超微结构有明显的破坏作用。用毒素接种后寄主表现的症状与病菌侵染引起的症状相似。

【症状】

玉米全蚀病菌在玉米苗期和成株期均能侵染，在苗期主要从胚根侵入，为害种子根基部或从根尖、根部侵染，不断向次生根系蔓延，轻者被害根系变栗色至黑褐色，重者种胚或种子根变色，根皮坏死、腐烂。由于玉米次生根不断再生，根系比较发达，所以苗期仅根部发病，而地上部一般不表现症状。在成株期，植株下部叶片开始变黄，逐渐向叶基和叶中肋扩展，叶片呈黄绿条纹，最后全部叶片变褐色干枯。严重时茎秆松软，根基腐烂，易折断、倒伏。拔出病株可见根部变栗褐色，须根毛大量减少，如果雨水较多，病根扩展迅速，甚至根系全部腐烂，造成整个植株早衰、死亡。在植株生育后期，菌丝在根皮内集结，呈现"黑膏药"和"黑脚"症状。根基或茎节内侧可见黑色小点，即全蚀病菌有性阶段的子囊壳。

【发生规律】

玉米全蚀病菌主要以菌丝在土壤里的病根茬组织内越冬，有的是以子囊壳、菌丝结在茎节上越冬，成为翌年的初侵染源。病根茬在土壤里至少能存活3年，而留在地表或室外的病根茬土的病菌存活能力相对差一些。自然土中可能存在抑制全蚀病菌子囊孢子萌发的抑菌作用。

玉米全蚀病菌主要从幼苗种子根、种脐、根尖、根段部位侵入，从苗期到灌浆、乳熟期均能侵染发病，但主要集中在生育前期5—6月；病菌侵入后沿着根皮上下纵横扩展，产生纤细的侵染菌丝，穿透寄主根表皮进入皮层，在侵入的细胞内形成菌丝垫，组成似薄壁组织，充满被侵染的细胞。病菌向深层细胞侵染时，寄主组织可形成一种抗性结构——木质管鞘。气候因素与该病的发生发展关系密切。在玉米生育期中，湿度是决定发病程度的重要因素，尤其是7—8月遇上多雨的年份则发病严重。玉米灌浆乳熟期遇上高温干旱，促使玉米的光合、蒸腾和呼吸作用加强，导致玉米植株生理上未熟先衰，后期如遇上多雨天气更适合全蚀病菌寄生扩展，加速根系坏死腐烂，进一步加速地上部早衰枯死。目前尚缺少抗病品种，但品种间对全蚀病抗性品种差异显著。土壤质地、地势与发病关系密切。全蚀病菌是好气性真菌，所以在沙土、壤土上发病重。洼地重于平地，平地重于坡地，这与土壤湿度密切相关。施农家肥越多，发病越轻。施用适量氮肥有减轻发病作用。合理施用氮磷钾肥防病增产效果明显，尤其要注意施用适量钾肥。

【防治方法】

（1）种植抗病耐病品种。选择适合本地区的耐病品种，并注意品种搭配和轮换。

（2）增施肥，合理施用氮磷钾肥。每公顷至少施用3.8万kg农家肥，合理施用氮磷钾肥（三者之间比例为1：0.5：0.5），尤其应多施钾肥。

（3）合理轮作。重病地块应与豆类、薯类、棉花、花生等非禾本科作物轮作。

（4）深翻整地，消除病根茬。田间初侵染菌源量对病害发生起重要作用。立秋后及早深翻整地、清除病根茬是消灭越冬菌源的有效措施。

（5）药剂防治。可施用3%三唑酮颗粒剂，每公顷穴施22.5kg，也可用25%三唑酮可湿性粉剂喷施。

十五、玉米丝黑穗病

【病原】

玉米丝黑穗病原属于担子菌门团散黑粉菌属孢堆黑粉菌 [*Sporisorium reilianum* (J. G. Kühn) Langdon Fullerton.]。冬孢子褐色，球形、近球形，表面有细刺。冬孢子未成熟时集合成孢子球，成熟后分散。冬孢子萌发后产生有分隔的担子，侧生担孢子。担孢子无色，单孢椭圆形。病菌萌发的温度为13~36℃，28℃为最适温度。玉米丝黑穗菌不仅侵染玉米，也会侵染高粱，也存在多个生理小种。

【症状】

玉米丝黑穗病属芽期侵入、系统侵染性病害。病原菌由玉米幼芽侵入，扩展到幼苗生长点后，随植株生长扩展到全株，一般在穗期表现典型症状，主要为害雌穗和雄穗，一旦发病，往往不能结实。受害严重的植株苗期可表现症状：分蘖增多呈丛生型，植株明显矮化，节间缩短，叶色暗绿挺直，有的品种叶片上则出现与叶脉平行的褪绿黄白色条斑，有的幼苗心叶紧紧卷在一起扭曲呈鞭状。成株期病穗分两种类型。①黑穗型：受害果穗较短，基部粗顶端尖，不吐花丝，除苞叶外整个果穗变成黑粉包，其内混有丝状寄主维管束组织。②畸形变态型：雄穗花器变形，不形成雄蕊，颖片呈多叶状；雌穗颖片也可过度生长成管状长刺，呈"刺猬头"状，整个果穗畸形。田间病株多为雌雄穗同时受害。

【发生规律】

玉米丝黑穗病菌以冬孢子散落在土壤中、混入粪肥里或黏附在种子表面越冬。冬孢子在土壤中能存活2~3年，甚至7~8年。种子带菌是病害远距离传播的重要途径，尤其对于新区，带菌种子是重要的第一次传播来源。带菌的粪肥也是重要的侵染源，冬孢子通过牲畜消化道后不能完全死亡。总之，土壤带菌是最重要的初侵染源，其次是粪肥，再次是种子。玉米丝黑穗病在种子萌动至5叶期都能感病，发病轻重取决于品种抗病性和土壤内越冬菌源数量以及播种至苗期环境因素。病菌冬孢子萌发后在土壤中直接侵入玉米幼芽的分生组织，病菌侵染最适时期是从种子破口露出白尖到幼芽生长至1~1.5cm时，幼芽出土前是病菌侵染的关键阶段。由此，幼芽出土期间的土壤温湿度、播种深度、出苗快慢、土壤中病菌含量等，与玉米丝黑穗病的发生程度关系密切。此病发生适温为20~25℃，适宜含水量为18%~20%，土壤冷凉、干燥有利于病菌侵染。促进快速出苗、减少病菌侵染概率，可降低发病率。播种时覆土过厚、保墒不好的地块，发病率显著高于覆土浅和保墒好的地块。玉米不同品种和自交系间的抗病性差异明显。农大3138、新铁单10号、龙单13、吉单209、登海1号、东单60、沈单16等均属于感病品种。近年丝黑穗病发生较重的原因：一是北方呈暖冬气候，有利于病原菌越冬，同时，大面积多年连作也造成土壤大量带菌；二是玉米品种间抗病性差异较大，病田大多种植的是感病品种；三是播种期低温、土壤干旱，种子在土壤中存留时间长，出苗慢，病原侵染机会增多；四是在病区推广的种衣剂中，多是防治地下害虫和苗期病害的药剂，针对性不强，或有效成分不足，对丝黑穗病防效差。

【防治方法】

（1）选用品种。选用抗病自交系，种植抗病杂交。

（2）调整播期和提高播种质量。适当推迟播期，播前选种、晒种提高种子发芽势。精细整地，适当浅播，足墒下种。这些措施均可促进快出苗、出壮苗，减少病原菌的侵染机会，提高植株的抗病能力。

（3）采用地膜覆盖技术。地膜覆盖可提高地温，保持土壤水分，使玉米出苗和生育进程加快，从而减少发病机会。

（4）拔除病株和摘除病瘤。发现病株、病瘤，及早拔除，要做到早拔、彻底拔，并带出田外深埋，减少菌源。

（5）重病区实行3年以上轮作，施用净肥，有机肥要充分堆沤发酵。深翻土壤，加强水肥管理，增强玉米的抗病性。

（6）药剂防治。坚持在播前用药剂处理种子，最常用的种子处理方法是药剂拌种。可用60g/L戊唑醇种子处理悬浮剂1∶（500～1 000）（药种比）或100～200mL/100kg种子、28%灭菌唑种子处理悬浮剂1∶（500～1 000）（药种比）、4%戊唑·噻虫嗪种子处理悬浮剂2 000～2 400mL/100kg种子拌种。

十六、玉米穗腐病

【病原】

为多种病原菌侵染引起的病害，主要由串珠镰刀菌（*Fusarium moniliforme*）、禾谷镰刀菌（*Fusarium graminearum*）、球黑孢（*Nigrospora sphaerica*）、轮枝镰孢菌（*Fusarium verticalilioides*）、青霉菌（*Penicillium* spp.）、曲霉菌（*Aspergillus* spp.）、草枝孢菌（*Cladosporium herbearum*）、粉红单端孢菌（*Trichothecium raseum*）等20多种霉菌侵染引起。各地都以串

珠镰刀菌为优势种类，出现频率最高，其次是禾谷镰刀菌。

【症状】

症状因病原菌的不同而有差异，主要表现为整个或部分果穗或个别籽粒腐烂，其上可见各色霉层，严重时，穗轴或整穗腐。果穗及籽粒均可受害，被害果穗顶部或中部变色，并出现粉红色、蓝绿色、黑灰色或暗褐色、黄褐色霉层，即病原菌的菌丝体、分生孢子梗和分生孢子。病粒无光泽，不饱满，质脆，内部空虚，常被交织的菌丝所充塞。常见以下6种。

1. 串珠镰刀菌穗腐

由串珠镰刀菌（轮枝状镰刀菌）侵染所引起，最常见。多为害单个籽粒或局部果穗。由玉米螟或其他害虫取食造成的伤口侵入。受害籽粒顶部有粉红色、红色、粉白色、紫色粉状物，籽粒间有白色絮状菌丝体。后期病粒果皮上出现粉白色条斑，易破碎，严重时整穗腐烂。

2. 禾谷镰刀菌穗腐

由禾谷镰刀菌侵染引起。玉米灌浆期开始发生，乳熟期至蜡熟期症状明显。多由果穗顶端开始发病，向基部发展，可波及大半个果穗，发病早的，果穗甚至可能全部烂掉。发病轻的，仅籽粒基部变红色，果穗表面正常。发病严重的，果穗发病部位布满紫红色霉层，籽粒上和籽粒间隙生有棉絮状红色或白色菌丝体。苞叶紧贴果穗，苞叶上可生出蓝黑色小粒点的子囊壳。

3. 粉红单端孢菌穗腐

由粉红单端孢菌侵染引起。果穗霉变部位的穗轴和籽粒上覆盖橙红色粉状物，即病原菌分生孢子。

4. 青霉菌穗腐

由多种青霉菌侵染引起，穗轴表面和籽粒之间生有浅绿色或蓝绿色霉状物。常在果穗的尖端发生，籽粒之间遍布灰绿色病原菌的孢子。

5. 曲霉菌穗腐

由多种曲霉引起，其中黑曲霉最常见。黑曲霉侵染产生的病果穗上和病籽粒上生有黑色粉状物。另外，还有些曲霉产生黄绿色或黄褐色粉状物。多数曲霉菌产生黄曲霉毒素等毒素。多在果穗顶端位置，或蛀虫孔道周围。

6. 细菌性穗腐

苞叶上可见不规则水浸状病斑，其上常附生其他杂菌，生成灰黑色霉层。剥开苞叶，可见果穗腐烂，籽粒变为乳白色到褐色湿腐，严重时籽粒表面可见白色菌膜。穗柄和穗轴病部组织疏松，可见菌脓溢出。

【发生规律】

玉米穗（粒）腐病是一种气传性、局部侵染的病害，病原菌从玉米苗期至种子贮藏期均可侵入与为害，而霉烂损失主要发生在果穗成熟期和收获风干过程中。病菌以菌丝体、分生孢子或子囊孢子附着在种子、玉米根茬、茎秆、穗轴等植物病残体上腐生越冬，翌年在多雨潮湿的条件下，孢子成熟飞散，落在玉米花丝上兼性寄生，然后经花丝侵入穗轴及籽粒引起穗腐，有些病原菌还可通过疏导组织由根或茎传到穗轴。穗腐的发病程度受品种、气候、玉米螟等害虫为害、农艺活动、果穗（原粮、种子）贮藏条件等多种因素影响。收获期连续降雨及收获后遇阴雨天气，会加重籽粒的霉变，籽粒中霉菌毒素［主要是曲霉菌产生的黄曲霉毒素，镰孢菌产生的伏马毒素、呕吐毒素（DON）、玉米赤霉烯酮毒素（ZEN）等］的累积量增大。

【防治方法】

玉米穗腐病的初侵染源广，湿度是关键，因此在防治策略上，必须以农业措施为基础，充分利用抗（耐）病品种，改善贮存条件，农药灌芯与喷施保护相结合的综合防治措施。

（1）选用抗病品种。在发病严重地区，应选种抗性强、果穗苞叶不开裂的品种。农大108、豫玉22号、豫玉24、冀丰58和鲁原单22号抗性好，农大85感病。

（2）实行轮作，清除田间病株残体，加强田间管理，合理密植，合理施肥，地膜覆盖，适期早播，站秆扒皮促早熟。注意防虫、减少伤口。折断病果穗霉烂顶端，防止穗腐病再新扩展。充分成熟后及时采收，充分晾晒后入仓贮存。

（3）化学防治。一是种子包衣或拌种。可用20%福·克种衣剂包衣，每100kg种子用药440~800g，或用30%多·克·福种衣剂包衣，每100kg种子用药200~300g。二是防治穗虫。在籽粒形成初期，及时防治害虫（主要是玉米螟、黏虫、象甲、桃蛀螟、金龟子、蜡类和棉铃虫）对穗部的为害。在大喇叭口期，用20%井冈霉素可湿性粉剂或40%多菌灵可湿性粉剂每亩200g制成药土点心，可防止病菌侵染叶鞘和茎秆。在吐丝期，用65%的代森锰锌可湿性粉剂400~500倍液喷果穗，以预防病菌侵入果穗。

十七、玉米瘤黑粉病

【病原】

玉米瘤黑粉病病原菌为玉蜀黍黑粉菌 [*Mycosarcoma maydis*（DC.）Bref.]，属于担子菌亚门黑粉菌目黑粉菌属。病菌以冬孢子在土壤中及病残体上越冬，成为翌年的初次侵染源。初侵染来源的冬孢子在适宜气候条件下萌发，经风雨传播至玉米的幼嫩组织或心叶叶旋内，在有水滴的情况下很快萌发产生菌丝，刺激寄主局部组织细胞旺盛分裂，逐渐肿大成菌瘿（病瘤），并在菌瘿中产生大量冬孢子，菌瘿成熟后破裂，冬孢子散出随风传播，可不断引起再次侵染。

【症状】

玉米瘤黑粉病属局部侵染病害，能侵染任何地上部分幼嫩组织和器官，如气生根、茎、叶、叶鞘、雄花及雌穗、雄穗、雌穗等，并形成大小形状不同的菌瘿或瘤（病瘤），这是此病的典型特征。病瘤初呈银白色，有光泽，内部白色，肉质多汁，并迅速膨大，常能冲破苞叶而外露，表面变暗，略带浅紫红色，内部则变灰至黑色，后期失水后当外膜破裂时，散出大量黑粉，即病菌的冬孢子。该病在玉米的生育期内可进行多次侵染，玉米抽穗前后1个月为该病盛发期。此期如遇干旱不能及时灌溉，植株抗病力变弱；田间高温多湿利于病菌侵染发病；暴风雨过后，造成大量损伤，去雄、玉米螟等害虫所造成的伤口都会为病菌的侵染创造条件，造成严重发病。

【发生规律】

玉米瘤黑粉病主要以冬孢子在土壤中或玉米病株残体上越冬，冬春季节土壤干旱，冬孢子不易萌发，但也不易失去活性而死亡，所以就成为翌年侵染菌源，这是主要的初侵染源。另外，施用的农家肥未经堆沤腐熟、种子带菌也是重要的传病菌源。如长期大面积种植玉米并连作，玉米收获后不及时清除病株秸秆，也不进行秋翻地，翌年春季再整地播种，致使土壤和秸秆中的病菌顺利越冬，田间病菌菌源增多，使田间发病加重。

该病菌表现为系统侵染，从玉米种子萌发开始到大喇叭口期，可侵染玉米幼根、幼叶、幼芽，侵染高峰期在玉米出苗期至3叶期。病菌侵入后随植株生长开始生长，最后于成熟期成为黑色菌瘤。该病菌冬孢子没有明显的休眠期，成熟后只要遇到合适的高温、高湿、干湿交替等气候条件就能萌发。因此，气候条件和田间管理对诱发瘤黑粉病的发生起着一定作用，如果玉米在生长过程中田间管理不到位，遭遇干旱天气，此时玉米抗病性就会明显降低，特别是在玉米抽雄前后遇到干旱天气，此时若再遇到雨水，病原菌就容易萌发而传染发病。遇不良气候影响，如遭受暴风雨、冰雹、狂风等，造成玉米伤口增多，发病趋于严重；田间发生虫害后未及时防治，在植株上留下伤口，或玉米种植密度过大、通风透光性不好、偏施氮肥等，都有利于病原菌侵染发病。冬、春季节风多干燥，气温较低，该病菌的冬孢子不易萌发，从而延长了侵染时间，提高了侵染概率。

【防治方法】

（1）减少菌源。在病瘤成熟破裂前及时割除并深埋；玉米收获后清除田间病株残体并将带病瘤茎秆深埋销毁；秋季深翻土壤，促进病残体腐烂，减少初侵染菌源。

（2）选用抗病品种。一般甜玉米最易感病，耐寒和果穗苞叶长而薄的品种较抗病；马齿型玉米较抗病，杂交种一般较自交系抗病。尽管迄今未发现免疫品种，但不同品种间的抗、耐病性差异明显，可选择发病轻或果穗不发病的品种，如农大 108、郑单 958、豫玉 22 号、豫玉 25 号和海玉 8 号等。

（3）加强栽培管理。合理密植，施用充分腐熟有机肥，平衡施肥并增施含锌硼微肥，防止过量施氮，灌溉要及时，特别是在抽穗前后易感病的阶段，必须保证水分的充分供应。

（4）轮作倒茬。发病重的地块可以采用玉米、高粱、谷子、大豆等作物三年轮作的方法。

（5）及时防治虫害。如玉米螟、蓟马、蚜虫等，减少由于虫害而造成的伤口感染。

（6）药剂防治。用 50% 福美双可湿性粉剂以种子重量的 0.2% 拌种，或 20% 三唑酮乳剂 200mL 拌种 50kg，或 50% 多菌灵可湿性粉剂按种子重量的 0.5%~0.7% 拌种；在玉米抽雄前喷 50% 多菌灵可湿性粉剂稀释液或 5% 福美双可湿性粉剂稀释液，防治 1~2 次，可有效减轻病害。由于玉米瘤黑粉病初侵染时间长，而药剂残效期短，所以玉米生育期间喷药防治效果往往不太理想。

十八、玉米疯顶病

【病原】

玉米疯顶病病原为大孢指疫霉（*Sclerophthora macrospora*），属鞭毛菌亚门指疫霉属真菌。

【症状】

1. 苗期症状

病菌从玉米苗期侵染植株，并随植株生长点的生长而到达雌穗和雄穗。病田苗期病株呈淡绿色，6~8叶开始显症。株高20~30cm时部分病苗形成过度分蘖，每株3~5个或6~8个不等，叶片变窄，质地坚韧；亦有部分病苗不分蘖，但叶片黄化且宽大，或叶脉黄绿相间，叶片皱缩凸凹不平；亦有部分病苗叶片畸形，上部叶片扭曲或呈牛尾巴状。

2. 成株期症状

玉米疯顶病典型症状发生在玉米抽雄后，并有多种表现类型。

（1）雄穗全部畸形。全部雄穗异常增生，畸形生长。小花转为变态小叶，小叶叶柄较长、簇生，使雄穗呈刺头状，即"疯顶"。

（2）雄穗部分畸形。雄穗上部正常，下部大量增生呈团状绣球，不能产生正常雄花。

（3）雌穗变异。果穗受侵染后发育不良，不抽花丝，苞叶尖变态为小叶，成45°簇生；严重发病的雌穗内部全部为苞叶；部分雌穗分化为多个小果穗，但均不能结实；穗轴呈多节茎状，不结实或结实极少，且籽粒瘪小。

（4）叶片畸形。成株期上部叶片和心叶共同扭曲呈不规则团状或牛尾巴状，部分呈环状，植株不抽雄，也不能形成雄穗。

（5）植株矮化。病株轻度或严重矮化，上部叶片簇生，叶鞘呈柄状，叶片发窄。

（6）植株超高生长。部分病株疯长，植株高度超过正常植株高度1/5。此种类型的病株头重脚轻，易折断。

（7）植株出现不正常分枝。部分患病植株的中部或雌穗会发育成多个分枝，并有雄穗露出顶部苞叶。

（8）发生瘤黑粉病。部分感病植株同时伴有瘤黑粉病的发生，簇状雄穗、雌穗和茎秆上有瘤黑粉病包。

【发生规律】

该病属土传、种传系统侵染性病害，一些病株同时伴有玉米瘤黑粉病发生。病菌在苗期侵染植株，并随植株生长点的生长而到达果穗与雄穗，玉米播后到苗期是主要感病期。受疯顶病侵染的玉米一般不能结实，少数轻病株（5%左右）也能正常结实形成种子，因此带病种子也是传病的一个重要途径。病菌在淹水条件下萌发产生游动的孢子侵入寄主，多雨年份及低洼积水田块较易发病，低温也利于病害发生。

【防治方法】

(1) 选用抗病品种。选用抗病品种是防止玉米疯顶病最根本的方法。应在品种的选育过程中就将感病品种淘汰，防止感病品种流入市场。种植对玉米疯顶病抗性高的优质品种，通过试验及各地调查，郑单 958、浚单 20、农大 364 等品种都高抗玉米疯顶病，掖单 13 较为感病。

(2) 消除病源隐患。首先，杜绝在严重发生玉米疯顶病的地块进行杂交制种，否则会造成种子带菌，坚决不使用病田种子。其次，在发生玉米疯顶病的地块，实行玉米与非寄主作物大面积轮作，防止恶性循环。病田要加强栽培管理，玉米收获后及时清除病株残体和杂草，集中销毁，并深翻土壤，促进土壤中病残体腐烂分解，以消灭病源。

(3) 严控土壤湿度。玉米疯顶病病菌喜高湿条件，因而苗期要严格控制浇水量，防止大水漫灌造成有利的侵染条件。如有田间积水，应当及时设法排除，降低土壤湿度，避免给疯顶病创造适宜的侵染条件，以控制疯顶病的发生。

(4) 药剂防治。药剂拌种包衣能有效防止玉米疯顶病的发生，药剂可选用甲霜灵、甲霜灵·锰锌、噁霜灵等。若在苗期和授粉期可以选用 58%甲霜·锰锌可湿性粉剂 300 倍液，加配 50%多菌灵可湿性粉剂 500 倍液、75%百菌清可湿性粉剂 500 倍液。

第二节　细菌病害

一、玉米细菌性条纹病

【病原】

玉米细菌性条纹病病原为须芒草伯克霍尔德氏菌 *Burkholderia andropogonis* Yabunchi et al.，异名为 *Pseudomonas andropogonis*（Smith）Stapp.，菌体杆状，大小（1~2）μm×（0.5~0.7）μm，有 1 根具鞘的鞭毛，很少 2 根，单极生，不产生荧光色素，革兰氏染色阴性，不抗酸，好气性。在肉汁琼脂培养基上菌落圆形，光滑，白色有光泽，稍隆起，生长迟缓，黏稠。生长适温 22~30℃，最高 37~38℃，最低 5~6℃，48℃经 10min致死。

【症状】

在玉米叶片、叶鞘上生褐色至暗褐色条斑或叶斑,严重时病斑融合。有的病斑呈长条状,致叶片呈暗褐色干枯。湿度大时,病部溢出很多菌脓,干燥后呈褐色皮状物,被雨水冲刷后易脱落。

【发生规律】

病原细菌在病组织中越冬。翌春经风雨、昆虫或流水传播,从伤口或气孔、皮孔侵入,病菌深入内部组织引起发病。高温多雨季节、地势低洼、土壤板结,易发病;伤口多、偏施氮肥,发病重。

【防治方法】

(1) 种植抗病品种。淘汰种植在田间表现感病的玉米品种,种植抗病品种能够有效防止病害的严重发生。

(2) 药剂防治。一旦发生病害,应尽早在全株喷施药剂,能够起到控制病害进一步发展和传播的作用。

二、玉米细菌性褐斑病

【病原】

玉米细菌性褐斑病病原为丁香假单胞菌丁香致病变种 *Pseudomonas syringae* pv. *syringae* Van Hall,异名为 *Ps. holci* Kendrict。

【症状】

在玉米下部叶片顶端产生圆形至椭圆形斑点,病斑初期呈暗绿色,水浸状,后变乳白色至黄褐色,最后变褐色干枯,带有淡红色到褐色边缘,较大的病斑周围有黄色晕圈。

三、玉米细菌性叶斑病

【病原】

细菌性叶斑病病原为野油菜黄单胞菌绒毛草致病变种 *Xanthomonas campestris* pv. *holcicola*(Elliott)Dye,异名为 *X. campestris* pv. *zeae* Coutinho et Wallis。另外,司鲁俊等于 2010 年在浙江东阳发现了由巨大芽孢杆菌 *Bacillus megaterium* 引起的玉米细菌性叶斑病。

【症状】

主要发生在叶片上,发病初期叶片上分散有不规则的淡黄色水浸状斑点,之后病斑沿叶脉方向扩展,逐渐增多,全叶布满黄色的小斑。发病后期,病斑中央出现灰白色的枯死区域,然后相互连合进而在叶片上形成了较大面积的坏死斑。

四、玉米细菌性枯萎病

【病原】

玉米细菌性枯萎病病原为斯氏泛菌 *Pantoea stewartii* Mergaert et al. 。该菌的分类地位变动较大，曾用名为 *Erwinia stewartii*（E. F. Simith）Dye。1993 年 Mergaert 等根据表型特征、DNA/DNA 杂交、蛋白电泳、脂肪酸谱等特性的研究结果将斯氏欧文氏菌转入泛菌属。

【症状】

玉米的各个生长阶段都能够受到玉米细菌性枯萎病菌的侵染，典型的症状表现为矮缩和枯萎。病株在苗期可导致枯萎死亡，如果在植株生长后期被感染，植株可以长到正常大小。玉米细菌性枯萎病是一种维管束病害，导管里充满黄亮色细菌黏液，病株的横切面上可以看到渗出的黏液。

在甜玉米上，感病的杂交种很快造成枯萎，在叶片上形成淡绿色到黄色、具有不规则的或波状边缘的条斑，与叶脉平行，有的条斑可以延长到整个叶片的长度，病斑干枯后为褐色。雄穗过早抽出并变成白色，在植株停止生长以前枯萎死亡。雌穗大多不孕。重病株在接近土壤表层附近的茎秆和髓部可以形成空腔。在苞叶里面和外面出现小的、不规则的水渍状斑点，然后变干变黑。切开苞叶的维管束，可以看到从切口处渗出的细菌液滴。感病较轻的植株能正常结出果穗，但病菌可以从维管束中通过果穗而达到籽粒内部，据测定，病菌多在种子内的合点部分和糊粉层，但达不到胚上。有的果穗苞叶也能产生病斑，苞叶上的病菌可传到籽粒上，籽粒感染病菌后通常表现为表皮皱缩和色泽加深。

在马齿型玉米上，杂交种一般抗枯萎，在抽雄以后的叶片上，病斑大多从玉米跳甲取食处开始，向上、下扩展而形成短到长、不规则的、淡绿色至黄色条斑，然后逐渐变为褐色。形成条斑的区域，有时甚至整个叶片都变成淡黄色。

【发生规律】

种子可以带菌。病菌还可在玉米跳甲体内越冬，带菌跳甲也可传播此病。据美国研究，玉米跳甲在细菌越冬和传播上具有重要作用。此外，微量元素影响玉米对该菌侵染的敏感性。施用过多铵态氮和磷肥可增加感病性，高温有利于该病流行。甜玉米不抗病，马齿型玉米发病较轻。

【防治方法】

（1）加强玉米种子的进境检疫，严禁从疫区调运种子等带菌材料。建立无病留种田，留用无病种子。

（2）对疫区种子进行消毒处理。用0.1%氯化汞浸泡20min，可以处理种子表面携带的细菌，但此法不能处理种子内部的细菌；也可将种子放在干燥的热空气中（60~70℃）进行干热消毒1h，可以处理种子内外的所有病菌，且对种子发芽的影响较小。

（3）选育抗病品种是一种有效控制检疫性病害传入的方法。但目前尚未见抗相关细菌性病害鉴定的研究报道，也缺乏对玉米种质和品种进行客观抗性评价的技术体系，抗性评价只能在病区进行。

（4）加强对玉米跳甲、玉米啮叶甲、十二点叶甲幼虫等媒介害虫的早期防治，可以有效防止病害的传播，从苗期开始直到玉米成熟期，通过连续不断的防治可获得理想的效果。

（5）利用分子检测技术控制细菌性枯萎病菌的进入。

五、玉米细菌性茎腐病

【病原】

玉米细菌性茎腐病病原为软腐欧文氏菌玉米专化型（*Erwinia carotovora* f. sp. *zeae*）、玉米假单胞杆菌（*Pseudomonas zeae*）。

【症状】

玉米细菌性茎腐病发生症状类型较多，田间常见的是软腐型和晚枯型两种，软腐型早于晚枯型，且在田间混合发生。软腐型茎腐病一般从玉米苗高50~60cm时就开始发病，玉米抽雄前后最明显。其症状开始表现常局限于距地面的一定节间上，发展迅速。发病初期植株下部叶鞘上产生不明显较大的褐色病斑，后逐渐在叶鞘上部和一些下部叶片上形成褐色斑。同时，着生叶或叶鞘的节间也开始发病，且连同叶鞘凹陷、皱缩，继而表现软化、水渍状、溃烂、茎扭曲，深褐色，有腐败臭味，腐烂茎向上或向下蔓延，一般可深入内部扩展，但病茎不完全破裂，维管束组织保持完好。最初植株还能挺立维持几个星期绿色，最后罹病部褐色折腰枯死，故又称烂腰病。晚枯型茎腐病的发生常出现在玉米的灌浆至蜡熟期。一般发病较快，常在短期内植株出现症状，并迅速扩大，大量枯死。其发生症状是叶片自下而上突然萎蔫枯死，但叶片呈灰绿色，似水烫一样；茎秆地上部1~2节变色变软，出现水渍状菱形或椭圆形病斑，最后罹病部节间失水干缩，果穗下垂，易折倒。这种病型其节间内部节髓组织腐烂,病株的根系变褐腐烂、破裂,病根部皮层易脱落,须根减少,病株易拔起。

【发生规律】

病菌主要在土壤中的病残体上越冬,翌年从植株气孔或害虫伤口等侵入,一般在玉米有 10 多张叶片时开始发病,发病植株叶鞘出现水渍状腐烂,病组织开始软化,散发出臭味。害虫造成的伤口有利于病菌侵入。此外,害虫携带病菌也会起到传播和接种的作用,如玉米螟、棉铃虫等虫口数量大时,该病的发生发展就会严重,高温高湿有利于发病,地势低洼或排水不良,栽培密度过大,田间通风不良,施氮过多,组织生长柔嫩,玉米植株伤口多,均会导致发病重,病菌进入植株组织后,常造成植株代谢紊乱,引起寄主分泌出多种果胶物质的酶,致使细菌崩解、腐败而发出臭味。细菌性茎腐病其发生积蓄与温度、湿度、作物品种及作物生育进程有关。一般当气温低于 20℃ 时病菌不能发育,气温在 20~25℃ 时发育缓慢,30~35℃ 时病害剧烈发展,尤其是在连续干旱突降大雨时,会使植株伤口加大,病菌活动加强,常会引发大流行。该病一般在玉米茎秆较矮、较弱,叶片紧凑、蜡质较少时,发病较重;玉米生育时期正好与有利于该病发生的气候条件相吻合时,常会造成细菌性茎腐病的大发生和大流行。

【防治方法】

(1) 农业防治。实行轮作,尽可能避免连作,收获后及时清洁田园,将病残株妥善处理,减少菌源。加强田间管理,采用高畦栽培,严禁大水漫灌,雨后及时排水,防止湿气滞留。

(2) 及时治虫防病。苗期开始注意防治玉米螟、棉铃虫等害虫。

(3) 田间发现病株后,及时拔除,携出田外沤肥或集中烧毁。

(4) 必要时于发病初期剥开叶鞘。用熟石灰 1kg,兑水 5~10kg 涂刷可有效防治。

(5) 化学防治。在玉米喇叭口期,喷洒 60% 甲霜铝铜可湿性粉剂,或58% 甲霜灵·锰锌可湿性粉剂 600 倍液有预防效果。发病后,马上喷洒 5% 菌毒清水剂 600 倍液,防效较好。

六、玉米细菌性干茎腐病

【病原】

玉米细菌性干茎腐病病原是成团泛菌(*Pantoae agglomerans*)。

【症状】

在幼苗期，发病植株生长缓慢，茎节不能正常伸长，发病初期在茎下部的叶鞘表面出现红褐色不规则的小病斑，发生在茎上的第1或第2个茎节；侵染的植株生长缓慢，茎节有缢缩，近地表数节有病斑，病斑逐渐扩大相连成较大的不规则斑，初呈红褐色水渍状，后变为黑褐色。对于发病严重的植株，发病部位坚硬的茎皮以及茎髓组织消失，产生不规则的缺刻，发病的组织为干腐症状。有时在发病植株的茎部出现扭曲，形成畸形。在玉米抽丝期间，侵染部分通过茎皮向茎中心部位逐渐扩展，纵向剖茎，髓组织和维管束呈现紫黑色，并由基部向上扩展。在玉米灌浆期，植株发病变重，在茎部形成大的坏死斑。同时由于病株比正常株矮小，无法向母本传粉，故而严重影响制种产量。

第三节　病毒病害与其他症状

一、玉米矮花叶病

【病原】

病原物为玉米矮花叶病毒（MDMV），在雀麦、谷子、牛鞭草、蟋蟀草、狗尾草、稗草、画眉草和马唐等寄主上或在某些品种的种子内越冬，成为重要初侵染源，由玉米蚜、桃蚜、麦二叉蚜、棉蚜、粟缢管蚜等20多种蚜虫传播。蚜虫在带毒越冬寄主上吸毒后，迁飞到玉米上取食，在田间进行再侵染传播。以非持久性方式传播和汁液摩擦传播。

【症状】

1~2片叶时可出现症状，7片叶前后发病最重。最初在幼嫩的心叶基部叶脉间出现许多椭圆形褪绿小点或斑纹（如种子带毒，幼苗子叶显斑驳症状），沿叶脉排列成断续的、长短不一的条纹斑，随着病情发展，症状逐渐扩展至全叶，在粗脉之间形成几条长短不一、颜色深浅不同的褪绿条纹，脉间叶肉失绿变黄，叶脉仍保持绿色，因而又被称为花叶条纹病。随着玉米生长，病情逐渐严重，病叶叶绿素减少，叶色变黄，从叶尖叶缘开始逐渐出现紫红色条纹，最后干枯，病株黄弱瘦小，生长缓慢，株高常不到健株的1/2。病株多半不能抽穗而提早枯死，少数能抽穗的穗小、籽粒小而秕。果穗不实，有时一个节上生几个雌穗。由于被害早晚不同，植株呈现不同程度的节间缩短，感病时期越早，植株矮化越显著。被害晚的，只有上部的节间缩短。早期感病的可使玉米根茎腐烂，过早死亡。

【发生规律】

发病潜育期在 20~32℃ 时约 7d，35℃ 以上时 4~5d。带毒蚜虫数量大、玉米生长瘦弱、气候干旱、管理粗放的地块，发病重。春玉米发病一般轻于夏玉米，早播夏玉米轻于迟播夏玉米。降雨次数多、雨量充沛的年份，不利于蚜虫的迁飞和传毒，病害发生轻。玉米杂交种比亲本自交系抗病。

【防治方法】

（1）选育和种植抗病品种。玉米不同品种或品系对病毒病的抗性差异较大，因病毒病种类不同，抗性差异也很大，一般没有免疫的玉米品种或品系，但有高抗或较抗病的品种或品系，因此通过有效育种法选育抗病品种，目前我国玉米矮花叶病和粗缩病发生普遍且较严重，应有针对性地进行抗病育种，采用抗病及耐病品种可以有效地防止病毒病的发生。

（2）改进栽培管理。针对各地发生的病毒病种类调整播种的时期，适期播种，尽量避开灰飞虱的传毒迁飞高峰；对田间发病重的玉米苗，应尽量快速拔除改种，发病轻的地块应结合田间间苗或拔除病苗，并加大肥水，使苗生长健壮，增强抗病性；在播种前要深耕 2 茬，彻底清除田间地头杂草，减少侵染来源，同时避免抗病品种大面积单一种植，避免与蔬菜、棉花等插花种植。

（3）化学药剂防治。针对病毒病的为害特点，采用药剂防治介体昆虫或铲除杂草，调节植物生长，控制病毒病的发生与为害。常用的化学药剂：发病初期可选用 2% 病毒 A 可湿性粉剂，玉米苗期喷洒 5% 菌毒清可湿性粉剂 500 倍液等。

①药剂防治介体昆虫：选用 2.5% 吡虫啉乳油 1 000 倍液等适宜有效的杀虫剂在植株发病初期或带毒介体昆虫开始迁往田间时喷施，同时也要注意田间周围杂草上的介体昆虫，消灭介体或降低虫口密度，有效控制病毒病的发生与蔓延。

②除草剂杀灭带毒杂草：结合田间除草，利用除草剂铲除杂草等越冬寄主植物，常用除草剂有乙草胺、阿特拉津等内吸性的，还有草胺膦等灭生性的，施药时一定要注意，避免给玉米苗造成为害，一般要求施药要均匀，一定要按照说明适量用药，达到既除草又不伤害苗的效果。

③种子包衣：可利用克百威含量高于 7% 的种衣剂进行包衣防治苗期害虫，同时可控制地上蚜虫或灰飞虱的虫口密度，减轻病毒病的发生与为害。

④采用植物生长调节剂促进植物生长：目前，生产上采用83-增抗剂等植物生长调节剂来促进植物健康生长，也是控制病毒病发生与为害的有效措施之一。

二、玉米条纹矮缩病

【病原】

玉米条纹矮缩病病原为玉米条纹矮缩病毒（MSDV），病毒炮弹状，大小为（200~250）nm×（70~80）nm，每粒病毒有横纹50条，纹间距4nm。

【症状】

前期受害的植株生长停滞，提早枯死；中期染病的植株矮化，顶叶丛生，雄花不易抽出，植株多向一侧倾斜；后期染病的植株矮缩不明显，对产量影响较大。病株叶片的背面、叶鞘及苞叶的叶脉上具有粗细不一的蜡白色条状突起，用手触摸有明显的粗糙不平感；叶片宽短、厚硬僵直、叶色浓绿、短小、硬脆并上冲，顶部叶片簇生；节间明显缩短粗肿，病株矮化。玉米在4~5叶前感病，一般不能抽穗，造成绝产。7叶以后感病的植株能抽穗结实，但雄穗发育不良，花粉少；雌穗短小，结实少，果穗小而畸形。

【发生规律】

玉米条纹矮缩病病毒为直径75~80nm的球形粒子，由灰飞虱永久性侵染，但不经卵传染。灰飞虱最短获毒时间为8h，体内循环期最短5d；气温20~30℃时，潜育期7~20d，一般9d。带病毒越冬的幼虫，春季羽化为成虫。这种第一代成虫具有侵染能力，但该成虫产下的第二代成虫不重新由病株得到病毒就不能带毒。灰飞虱吸取发病水稻的汁液后带毒，在麦类发病后越冬，当麦收时节，带毒的灰飞虱寄生于玉米中使其发病。该病毒可以侵染25种禾本科植物，以水稻、麦类和玉米为本。在玉米中感染后7~10d，叶背出现白色条状线条。灰飞虱在吸汁后至产卵2~3d，不断吸取健株汁液而传毒。

【防治方法】

（1）选种抗病品种。选择正规优质的抗病品种，即以免疫或高抗自交系作母本的后代，如武顶一号、京黄113、豫农704、2569×获白、西单7号、中单2号、中单4号、农单5号等较耐病品种，并晒种、拌种，提高发芽率和发芽势。

（2）连片种植。玉米种植中应注意避免因插花种植和少部分玉米田感病生育期与灰飞虱盛发期吻合，造成灰飞虱传毒，还应避免单一抗病品种的大面积种植，做到各品种的播种期基本一致，避免病情的大暴发。

（3）适时播种。适当调整播种期，使玉米苗期避开灰飞虱迁飞盛期。播种时最好采取杀虫剂拌种或包衣，可以杀灭早期为害玉米的灰飞虱，防止病毒扩散传播。

（4）加强田间管理。把握好玉米第一次浇灌时间，争取在玉米出苗后40~45d浇头水。精细整地，增施磷钾肥，提高植株抗病力。在寄主杂草刚返青出土时，及时彻底清除或喷药消灭灰飞虱，这是防病关键措施之一。

（5）加强对灰飞虱的防治。要抓好4个时期的工作，即越冬防治、麦田防治、药剂拌种和一代成虫迁入玉米初期的防治。使用药剂参见灰飞虱防治方法。

三、玉米粗缩病

【病原】

玉米粗缩病病原为玉米粗缩病毒（MRDV），属于植物呼肠弧病毒组，病毒粒体球形，大小为60~70nm，存在于感病植株叶片的突起部分细胞中。钝化温度为80℃，20℃可存活37d。

【症状】

玉米粗缩病在玉米整个生长发育过程中都有可能发生，苗期尤其容易感染粗缩病。玉米感染粗缩病之后，植株会比一般的植株矮很多，并且在接下来的生长过程中会出现分叉情况。病毒的侵入会使玉米幼苗生长缓慢，叶片也与正常玉米叶片不同，容易出现叶片僵直的生长状态，而叶片颜色会比平常叶片颜色深一些。由于病毒的感染，玉米背面的叶脉会有条状的突起，最初条状突起是白色的，随着病情的加重，叶脉会逐渐转变为黑色。如果病毒的入侵时间是玉米生长后期，那么会对玉米的抽穗产生较大影响，但是此时一般看不出来明显的症状，玉米植株也不会出现明显的矮化现象。粗缩病会导致玉米根系减少，从而无法与土壤紧密联系，所以一般病株易从土壤中拔出。调查发现，感染粗缩病比较轻的植株，一般无法用肉眼识别，长势也趋于正常，但是相比正常植株中上段会稍短一些；感染粗缩病比较严重的植株明显比正常植株矮一些，所结的果穗也比较小，并且果实比较干瘪；感染粗缩病极为严重的植株，矮化现象非常明显，并且只有少量的果实，大部分植株都无法抽穗或者结果。

【发生规律】

该病主要靠灰飞虱传毒。灰飞虱成虫和若虫在田埂地边杂草丛中越冬，翌春迁入玉米田。此外冬小麦也是该病毒越冬场所之一。春季带毒的灰飞虱把病毒传播到返青的小麦上，然后再传到玉米上。玉米 5 叶期前易感病，10叶期抗性增强。该病发生与带毒灰飞虱数量及栽培条件相关，玉米出苗至 5 叶期如与传毒昆虫迁飞高峰期相遇易发病。套种田、早播田及杂草多的玉米田发病重。潜育期 10~20d。此外，有报道称云南丽江地区传毒昆虫为白背飞虱。玉米苗期是玉米粗缩病的敏感期。大麦、小麦及禾本科杂草看麦娘、狗尾草等是粗缩病毒越冬的主要寄主。粗缩病毒在灰飞虱体内可增殖和越冬，但不能经卵传给下一代。灰飞虱主要在麦田、绿肥田和杂草根际越冬，春季在大麦、小麦、杂草上，随后部分转移到水稻上繁殖，在玉米上不能繁殖。冬、春气候温暖干燥，夏季少雨，有利飞虱发生。目前，推广的玉米品种及其自交系，普遍表现不抗粗缩病，感病品种多。套种、插花种植玉米的比例普遍增加，再加上毒源量大，粗缩病还有蔓延上升的可能。

【防治方法】

在玉米粗缩病的防治上，要坚持以农业防治为主、化学防治为辅的综合防治方针，其核心是控制毒源、减少虫源、避开为害。

（1）选用抗病品种。尽管目前玉米生产中应用的主栽品种中缺少抗病性强的良种，但品种间感病程度仍存在一定差异。因此，要根据本地条件，选用抗性相对较好的品种，同时，要注意合理布局，避免单一抗源品种的大面积种植。目前推广的品种尚未发现高抗病品种，比较抗（耐）病的品种有鲁单 50、鲁单 053、农大 108 等，在生产上可替代沈单 7、掖单 53、掖单22 等感病品种。在那些已种植感病品种多年、为害严重的地区，种植抗（耐）病品种显得特别重要。

（2）调整播期。根据玉米粗缩病的发生规律，在病害重发地区，应调整播期，使玉米对病害最为敏感的生育时期避开灰飞虱成虫盛发期，降低发病率。春播玉米应适当提早播种，一般在 4 月下旬至 5 月上旬，麦田套种玉米适当推迟，一般在麦收前 5d，尽量缩短小麦、玉米共生期，做到适当晚播。

（3）清除杂草。路边、田间杂草不仅是来年农田杂草的种源基地，而且是玉米粗缩病传毒介体灰飞虱的越冬越夏寄主。对麦田残存的杂草，可先人工锄草后再喷药，除草效果可达 95% 左右。选择土壤处理的优点是苗期玉米不与杂草共生，降低灰飞虱的活动空间，不利于灰飞虱的传毒。

（4）加强田间管理。结合定苗，拔除田间病株，集中深埋或处理，减少粗缩病侵染源。合理施肥、浇水，加强田间管理，促进玉米生长，缩短感病期，减少传毒机会，并增强玉米抗耐病能力。

（5）药剂拌种。用内吸杀虫剂对玉米种子进行包衣和拌种，可以有效防治苗期灰飞虱，减轻粗缩病的传播。播种时，采用种子量 2% 的种衣剂拌种，可有效防治灰飞虱，同时有利于培养壮苗，提高玉米抗病力。

（6）喷药防治。玉米苗期出现粗缩病的地块，要及时拔除病株，并根据灰飞虱虫情预测情况及时用 25% 噻嗪酮可湿性粉剂 50g/亩，在玉米 5 叶期左右，每隔 5d 喷 1 次，连喷 2~3 次。对于个别苗前应用土壤除草剂效果差的地块，可在田边地头喷 45% 农达水剂，但在玉米行间尽量不用，以免对玉米造成药害。

四、多穗

【症状】

玉米多穗从形态上分为分蘖多穗和单秆多穗。近年来，也有报道将分蘖多穗作为优良性状选育和生产青贮饲料玉米。单秆多穗分为多节多穗和一节多穗。多节多穗则指多个节位上都有果穗形成，多节多穗更为普遍。一节多穗指在同一节位形成 2~4 个果穗，又称为"香蕉型玉米"或"娃娃穗"。

【发生规律】

从玉米的生育规律看，除茎秆顶部 4~5 个节不能形成腋芽外，其他每个茎节上都能形成腋芽，如果外界条件适宜，这些腋芽都有可能发育形成果穗。另外，玉米果穗属于变态的侧茎，穗柄为缩短的茎秆，如果第一腋芽发育受阻或死亡，在养分积累较多的情况下，潜伏的腋芽就会萌动，发育形成多个小穗。

1. 品种因素

不同品种多穗发生程度不一。有的品种第一腋芽发育优势不强，不能抑制其他雌穗的分化发育，则易形成多穗。有的品种第一腋芽分化发育优势比较强，能抑制其他果穗发育，则不易形成多穗。

2. 天气因素

玉米植株生长发育受温度、光照、水分等影响较大。恶劣气候条件下，雌雄穗发育异常，易导致多穗形成。

3. 高温干旱

高温干旱会引起玉米生理灼热，使节间再发腋芽，形成多穗。玉米大喇叭口期及抽雄期，如遇长时间高温干旱天气，第一雌穗受精率降低。高温干旱会使雌穗发育滞后，造成雄穗、雌穗花期不遇，从而形成多穗。

4. 阴雨寡照

在雌雄穗分化阶段，如遇连续阴雨天气就会影响授粉。雄穗花粉因湿度过大而结成团，不易散粉，即使正常散粉，而雌穗花丝上有雨水，也会影响雌穗受精，第一雌穗不能正常成穗，削弱其穗位优势，过剩的营养物质就会输送给其他腋芽，造成多穗发生。

5. 种植管理因素

玉米多穗的形成不同程度地受环境条件影响，尤其是种植密度和水肥因素都会影响玉米果穗的数量。

（1）密度过大。高密度种植，田间郁闭，通风不畅，第一雌穗不能正常授粉成穗，促使其他腋芽发育成熟，以致形成多穗。

（2）水肥过大。拔节后玉米进入营养生长和生殖生长旺盛期，如此时雨水过于充沛，田间土壤肥力充足，植株积累过多的营养物质，会产生多穗。

（3）病虫为害。玉米叶斑病、粗缩病、玉米螟、蚜虫等为害影响玉米果穗的正常发育。如玉米植株感染灰飞虱传播的病毒就会发生粗缩病，第一雌穗的穗位优势削弱，从而形成多个小穗。

【防治方法】

1. 选用合适的品种

由于各地气候、地力水平等自然条件差异性比较大，不同的玉米品种在各地的表现各不相同，因此在生产中一定要选择通过审定且适合当地种植推广的玉米品种。

2. 适时播种，合理密植

参照本地气候规律适时播种，确保一播全苗。错开灰飞虱传毒高峰期及不良天气时期，预防玉米粗缩病的发生和恶劣天气的影响。根据所选品种标签要求，合理密植，及时间苗、定苗。保证植株间通风透光，提高光能利用率，促进个体植株充分生长发育，降低多穗现象的发生率。

3. 科学调控水肥

玉米大喇叭口期至抽雄期，进入植株需水敏感期，要求土壤持水量在70%~80%，如遇干旱应及时灌溉。根据所选玉米品种的需肥特性、种植方式等进行科学配方施肥，避免苗期速效肥施用过多，影响碳氮代谢及养分运输与积累。

4. 田间管理

加强田间管理，出现多穗时，只保留1~2个果穗，其他果穗及时掰掉，避免养分消耗，优先保证目标果穗的正常发育，防止因多穗造成减产。

五、植株分蘖

【症状】

在大部分节上都长出分蘖，个别还表现整株矮化和分蘖丛生现象。节上的大多数分蘖最终不会形成结实果穗，即便能够结实也只是形成一个小小顶生果穗，而且特别容易受到病虫的侵害，基本上没有太大的收获价值。

【发病规律】

1. 低温

玉米是喜温作物，在一定温度范围内，温度越高，生长发育越快。受低温影响，玉米顶端优势受阻、生长发育受到抑制，促使基部腋芽萌发形成分蘖。此类现象多发生在早春播种覆膜玉米田中，夏玉米播种后受低温影响发生分蘖现象比较少见，也是我国东北地区玉米比黄淮海地区夏玉米分蘖发生较为普遍的主要原因。

2. 高温干旱

玉米在苗期到大喇叭口期，长期受到高温干旱后，顶端优势受阻，促使基部腋芽获取较多生长素及养分等物质，水分恢复供应后，刺激基部腋芽萌发形成分蘖。

3. 病虫为害、药害

玉米在苗期到大喇叭口期间，受到病虫为害后、使用过量的控旺剂及使用除草剂不当造成上部生长发育受到抑制，促使基部腋芽萌发形成分蘖。严重时大部分节上都长出分蘖或产生分蘖丛生现象。

4. 品种特性

不同玉米品种在相同栽培条件下，表现出不同的分蘖特性。密植品种分蘖较少，稀植品种分蘖较多；甜玉米、糯玉米易发生分蘖，普通玉米相对较少发生分蘖。不同玉米品种间分蘖特性有所差异，如豫丰303、中科玉505等品种分蘖较多，登海605分蘖较少。

5. 栽植密度

根据不同玉米的品种特性及地力水平，在农业生产实践中，确定适合本地的栽植密度。栽植密度过密，产量受到抑制；栽植密度过稀，易发生分蘖现象，特别在分蘖性强的玉米品种上表现得尤为明显。

6. 养分供应受阻

玉米在苗期至大喇叭口期，由于养分供应中断、养分供应不平衡及微量元素缺乏造成正常生长发育受到抑制，从而使基部腋芽萌发形成分蘖。

7. 肥水过旺

玉米在苗期到大喇叭口期，由于肥水供应过旺，使基部腋芽获取较多水分、养分，萌发形成分蘖。

【防治方法】

（1）选用分蘖力弱或不分蘖的玉米品种。因地制宜地选用适合当地栽培的抗旱抗病性强、高产稳产、分蘖力弱或不分蘖的玉米品种，做到适地适种，减少分蘖的发生。

（2）合理密植。根据玉米品种特性及耕地肥力水平，选择合适的种植密度及株行距，做到合理密植，改善田间通风透光条件，合理利用光能，合理利用土地空间，减少玉米分蘖的发生，最大限度地挖掘土地增产潜力。

（3）中耕培土。在玉米苗期到大喇叭口期适时进行中耕培土，不仅可起到消除杂草为害、提高土壤通透性、促进玉米根系下扎与生长、起到抗旱保墒的作用，还可有效起到促下控上、增根壮苗及防止玉米分蘖发生等作用，为玉米培育壮苗、获取高产奠定基础，也为增强玉米抗倒伏能力起到一定的促进作用。

（4）合理用药，减轻病虫草害为害及药害的发生。在玉米生育期间，特别是苗期到大喇叭口期间，加强病虫草害防治，合理选用农药进行防治，减轻病虫草害为害，同时防止发生药害对玉米造成伤害而引起分蘖现象。有旺长趋势的玉米田，进行化学调控时，选用合适的化学调控药剂、配备适宜的药剂浓度，预防剂量浓度过大使玉米生长发育受到抑制，从而造成分蘖现象。如已发生化学调控剂量浓度过大的情况，应及时进行补救，尽快恢复主茎生长，减轻为害。

（5）合理确定播种期。夏玉米播种时温度已相对稳定，低温基本不会对玉米造成为害。春玉米播种和套种玉米播种时，要因地制宜地确定适宜的播种期，避开低温对玉米的伤害或低温来临时采取有效的防御措施，从而避免因低温引起分蘖。

（6）加强田间管理，合理调控水分。在玉米生育期内（蹲苗期除外），应及时满足玉米生长发育对水分的需求，干旱少雨时及时灌溉，满足玉米正常生长发育对水分的需求；遇到阴雨天气时注意及时排涝，特别是低洼易涝地块，要保持排水系统疏通，使田间积水能够及时排出，减轻病害、涝害。

（7）推广测土配方施肥技术，做到合理施肥。推广测土配方施肥技术，及时掌握耕地养分丰缺情况，为合理施肥提供科学依据，有效减少化肥的使用量，减轻污染，减少农业生产成本投入。在此基础上，结合玉米需肥规律，合理施肥，满足玉米各生育期间对各种养分的需求，促进玉米正常生长发育。在农家肥少施的现实农业生产中，推广秸秆还田技术，减少农业生产成本、增加土壤有机质含量。尤其是在大喇叭口前期微量元素缺乏时，玉米对微量元素需求量少但作用明显，及时通过叶面喷施补充微量元素，满足玉米正常生长发育对微量元素的需求，避免因缺素症而引起分蘖。

六、除草剂药害

【症状】

烟嘧磺隆药害：玉米 3~5 期叶喷施烟嘧磺隆后 5~10d 玉米心叶褪绿、变黄，或叶片出现不规则的褪绿斑。有的叶片卷缩呈筒状，叶缘皱缩，心叶牛尾状，不能正常抽出。玉米生长受到抑制，植株矮化，并且可能产生部分丛生茎、次生茎。药害轻的可恢复正常生长，严重的影响产量。

2 甲 4 氯钠盐药害：主要表现为叶片扭曲，心部叶片形成葱叶状卷曲，并呈现不正常的拉长，茎基部肿胀，气生根长不出来，非人工剥离雄穗不能抽出。叶色浓绿，严重时植株矮小，叶片变黄，干枯；果位上不能形成果穗，故常在植株下部节位上长出果穗；下部节间脆弱易断，根系不发达，根短量少，侧根生长不规则，对产量影响很大，甚至绝收。

酰胺类除草剂药害：甲草胺、异丙甲草胺（都尔）、乙草胺的田间用量分别为亩用有效成分 120~144g、72~144g 和 25~50g；用量过大时将引起玉米植株矮化；有的种子不能出土，生长受抑制，叶片变形，心叶卷曲不能伸展，有时呈鞭状，其余叶片皱缩，根茎节肿大。土壤黏重、冷湿地块则能促使药害形成。

莠去津除草剂药害：主要应用品种有莠去津（阿特拉津）、草净津、氰草津等；田间用量分别为亩用 67~100g 和 120~160g。但在土壤有机质含量偏低（低于 2.0%）的沙质土壤或苗前施药后遇到大雨则可造成淋溶性药害。玉米苗后 5 叶期使用，在低温多雨条件下对玉米也会产生药害。表现为玉米叶片发黄。一般 10~15d 后，叶色方可转绿，恢复正常生长。

【补救方法】

（1）加强田间管理，促苗早发快长。触杀型除草剂所引起的药害，在为害较轻时，一般均能自行恢复；可加强田间管理、中耕松土，追施速效肥并浇水。同时还要叶面喷洒 1%~2% 的尿素或 0.2%~0.3% 的磷酸二氢钾溶液，对玉米恢复正常生长有利。同时，还应积极防除其他玉米病虫害，以提高玉米抵抗药害的能力。如受害过重，则应考虑补种、补栽或毁种，以免造成严重减产或绝产。应用植物生长调节剂促进生长。在玉米受到激素类除草剂 2,4-D 丁酯、百草敌等造成的药害或内吸传导型除草剂的药害以及前茬作物除草剂残留药害时，可对玉米幼苗喷施云大－120（天然芸苔素内酯）稀释 1 500 倍激素或叶面肥进行激活刺激生长；喷药后要立即浇水，以稀释土壤中的残留药液浓度，缓解药害程度，予以补救。另外，如预测出前茬作物的土壤残留药剂将危及玉米，也可用药性炭包衣种子，防止药害。

（2）除草剂解毒剂的应用。除草剂的解毒剂，可以减轻或抵消除草剂对作物的毒害。例如，萘酐、R－28725 是选择性拌种保护剂，能被种子吸收，并在根和叶内抑制除草剂对作物的伤害，此类药物可使玉米免受乙草胺、丁草胺、都尔等除草剂的伤害。

（3）及时补种、毁种。如玉米田药害过重，以上各项措施仍不能缓解受害程度时，则只能采取毁种或改种其他作物，以避免造成更大损失。

第二章　玉米虫害诊断与防治

第一节　鳞翅目主要害虫

一、亚洲玉米螟 *Ostrinia furnacalis*（Guenée）

【分布与为害】

亚洲玉米螟主要分布在亚洲温带、热带以及澳大利亚和密克罗尼西亚。国内主要分布于华北、东北、华东、华南等大部分地区。主要寄主有玉米、高粱、粟、谷子、棉花、大麻、生姜、向日葵、甘蔗、甜菜等，其中玉米受害最重，每年可造成产量损失 5%~15%。

玉米螟以幼虫为害，可造成玉米花叶、折雄、折秆、雌穗发育不良、籽粒霉烂而导致减产。幼虫有趋糖、趋触（幼虫要求整个体壁尽量保持与植物组织接触的一种特性）、趋湿、背光 4 种习性，4 龄前表现潜藏，一般潜藏在玉米植株上含糖量高、潮湿而又隐蔽的心叶、叶腋、雄穗苞、雌穗花丝、雌穗基部等部位。取食尚未展开的心叶叶肉，或将纵卷的心叶蛀穿，可使叶片展开后出现排列整齐的半透明斑点或孔洞。4 龄后幼虫开始钻蛀，蛀孔处常有大量锯末状虫粪。玉米打包时，幼虫集中在苞叶或雄穗包内咬食雄穗；雄穗抽出后，又蛀入茎秆，风吹易造成折雄；雄穗长出后，幼虫虫龄已大，大量幼虫到雌穗上为害籽粒或蛀入雌穗及其附近各节，食害髓部破坏组织，影响养分运输使雌穗发育不良，千粒重降低，虫蛀处易被风吹折断，形成早枯和瘪粒。

【形态特征】

成虫：雄蛾体长 10~14mm，翅展 20~26mm；黄褐色；前翅内横线为暗褐色波状纹，外横线为暗褐色锯齿状纹，两线之间有 2 个褐色斑，近外缘有黄褐色带。雌蛾体长 13~15mm，翅展 25~34mm。后翅颜色浅，有 2 条波状纹。

卵：单粒卵长 1mm，扁椭圆形，卵块排列成鱼鳞状，初产乳白色，半透明，似蜡滴，后转黄色，表面具网纹，有光泽。

幼虫：老熟幼虫体长 20~30mm，头和前胸背板深褐色，体背为淡灰褐色、淡红色或黄色等，背中线明显，中、后胸背面各有 1 排 4 个圆形毛片。第 1~8 腹节各节背面有 2 排毛瘤，前排 4 个以中间 2 个较大，圆形，后排 2 个。

蛹：长 14~15mm，黄褐至红褐色，1~7 腹节腹面具刺毛两列，臀棘显著，黑褐色。

【生活习性】

玉米螟发生世代随纬度变化而异，东北及西北地区 1 年 1~2 代，黄淮及华北平原 2~4 代，江汉平原 4~5 代，广东、广西、台湾等地 5~7 代，西南地区 2~4 代。玉米螟以老熟幼虫在寄主被害部位或根茬内越冬。在北方，越冬幼虫 5 月中下旬进入化蛹盛期，5 月下旬至 6 月上旬越冬代成虫盛发，北京 5 月下旬至 6 月中旬见越冬代成虫，在春玉米或高粱上产卵。一代幼虫 6 月中下旬盛发为害，此时春玉米多处于喇叭口期，容易受害。二代幼虫 7 月中下旬为害夏玉米（心叶期）和春玉米（抽雄吐丝期）。三代幼虫 8 月中下旬进入盛发，为害夏玉米穗及茎部。9 月中下旬，老熟幼虫开始进入越冬。

玉米螟成虫昼伏夜出，有趋光性。卵多产于玉米叶背中脉附近，每块卵 20~60 粒，每雌可产卵 400~500 粒，卵期 3~5d，幼虫 5 龄，历期 17~24d。初孵幼虫有吐丝下坠习性，可随风或爬行扩散，啃食心叶后，保留表皮。4 龄后可蛀入为害，为害部位有雄穗、雌穗、茎秆、叶鞘等。老熟幼虫一般在被害部位化蛹，蛹期 6~10d。

【发生规律】

玉米螟发生为害程度与越冬基数、气象条件、天敌及寄主植物的种类、品种、生育期等有密切的关系。一般幼虫越冬基数大的年份，田间卵量和被害率就高。气象条件方面，适于玉米螟各虫态发生的温度范围在 15~30℃，旬平均相对湿度 60% 以上。越冬幼虫化蛹时必须有降雨，以便幼虫咬嚼潮湿的秸秆和吸食雨水。成虫羽化后，也必须饮水才能正常产卵。成虫产卵后，卵的孵化、初孵幼虫的生长都要求较高的相对湿度。据研究资料，相对湿度在 25% 以下，玉米螟成虫不产卵或极少产卵；相对湿度在 40% 以上时产卵量增加；相对湿度在 80% 以上时产卵达到高峰。因此，5—6 月雨水充足，相对湿度高，气候温和，常有利于玉米螟的大发生；如果 5—6 月干旱少雨，不利于玉米螟发生。天敌对玉米螟有一定的抑制作用，玉米螟的天敌种类很多，卵期天敌有赤眼蜂、黑卵蜂，幼虫期天敌有寄生蝇、白僵菌、细菌、瓢虫、步行虫、草蛉等。此外，不同品系的玉米对玉米螟抗性强弱不同，玉米螟发生强弱也不同。近年来，随着秸秆还田或饲料化处理技术的逐渐推广，玉米秸秆留存量越来越少，直接导致玉米螟越冬基数减少，因此，一代玉米螟的发生相对较轻。

【防治方法】

应根据玉米螟不同虫态的特点，采取预防为主的综合防治措施，减轻玉米螟为害。

（1）越冬幼虫。推广秸秆的饲料化处理技术，减少秸秆留存量。秸秆还田应尽可能粉碎。秸秆集中存放的区域，可利用白僵菌进行封垛处理。

（2）成虫。根据玉米螟成虫的趋光性，在田间布设太阳能杀虫灯、黑光灯、高压汞灯等诱杀玉米螟成虫。

（3）卵。释放赤眼蜂寄生玉米螟卵块，以消灭玉米螟虫卵来达到防治玉米螟的目的。一般选择在玉米螟化蛹率达20%时，后推10d就是第一次放蜂的最佳时期，再间隔5d为第二次放蜂期，两次每亩放1.5万头，放2万头效果更好。

（4）田间幼虫防治。在心叶期撒施颗粒剂或者用无人机撒施颗粒剂，药剂品种有 *Bt*、辛硫磷、溴氰菊酯、氯虫苯甲酰胺。虫量较大时，也可以选择上述药剂进行喷雾防控。

二、桃蛀螟 *Conogethes punctiferalis*（Guenée）

【分布与为害】

国内广泛分布，东北、华北、华东、华南全部省市及西北部分省市均有发生。寄主作物有玉米、高粱、桃、向日葵等。

玉米田，以二代、三代幼虫为害为主，为害部位有穗部、茎秆和雌穗。幼虫孵化后主要在玉米雌穗上取食为害，取食籽粒和穗轴，也蛀茎为害。桃蛀螟等为害雌穗和籽粒后，除了造成直接产量损失外，还会诱发玉米穗腐病，相应地增加了霉菌毒素在玉米籽粒中的积累，从而导致玉米品质下降。钻蛀时，蛀孔产生粪便，但是与玉米螟不相同。近年来，玉米田三代玉米螟的优势度有所降低，桃蛀螟的优势度呈上升趋势，部分区域可能已经超过玉米螟的虫口密度。

【形态特征】

成虫：体长约12mm，翅展22~25mm，黄色至橙黄色，体、翅表面具许多黑斑点似豹纹，胸背有7个，腹背第1和第3~6节各有3个横列，第7节有时只有1个，第2、第8节无黑点，前翅25~28个，后翅15~16个，雄蛾第9节末端黑色，雌蛾不明显。

卵：椭圆形，长0.6mm，宽0.4mm，表面粗糙，布细微圆点，初乳白渐变橘黄色、红褐色。

幼虫：老熟幼虫体长22mm，体色多变，有淡褐、浅灰、浅灰蓝、暗红等色，腹面多为淡绿色。头暗褐，前胸盾片褐色，臀板灰褐色，各体节毛片明显，灰褐色至黑褐色，背面的毛片较大，第1~8腹节气门以上各具6个，横排，前4后2，中间2个大，近方形，与后面2个为梯形排列。气门椭圆形，围气门片黑褐色突起。腹足趾钩不规则的3序。

蛹：长13mm，初淡黄绿后变褐色，臀棘细长，末端有曲刺6根。茧长椭圆形，灰白色。

【生活习性】

辽宁省1年发生1~2代，河北省、山东省、陕西省3代；河南省4代，长江流域4~5代，均以老熟幼虫在玉米、向日葵、蓖麻等残株内结茧越冬。在河南一代幼虫于5月下旬至6月下旬先在桃树上为害，二代、三代幼虫在桃树和高粱上取食为害。四代幼虫则在夏播玉米、高粱和向日葵上为害，以四代幼虫越冬，翌年越冬幼虫于4月初化蛹，4月下旬进入化蛹盛期，4月底至5月下旬羽化，越冬代成虫把卵产在桃树上。

成虫有趋光性，羽化后白天潜伏，补充营养后才产卵。在玉米田中，桃蛀螟喜在玉米雌穗附近的绒毛或花丝上产卵，卵单产，每雌可产卵约200粒，幼虫可为害玉米雌穗、雄穗、籽粒和茎秆等部位。

【发生规律】

桃蛀螟食性很杂，寄主包括多种农作物和果树。自20世纪70年代末以来，随着种植结构的调整，各地果树种植面积和经济作物面积增大，为一代桃蛀螟提供了充足的食料，一代桃蛀螟达到一定总量以后，利于其迁入夏玉米田继续为害。在玉米田繁殖以后，可能会迁入果园继续为害，从而形成连续的繁殖链条，对整个桃蛀螟种群增加较为有利。另外，随着全球气候变暖，桃蛀螟越冬存活率可能会有所提高。由于桃蛀螟是钻蛀性害虫，在果树上为害时常常蛀入果实中，如果防治不及时，一旦蛀入果实，防治难度加大，增加了下一代的种群数量。而在玉米田，桃蛀螟发生较玉米螟晚，主要发生在抽雄后，特别是在花丝萎蔫后为产卵高峰，这时常规化学防治技术难以应用。同时，由于对桃蛀螟的发生规律认识不够，还没有很好的防治技术用于生产实际，使得桃蛀螟种群数量明显增加，为害加重。

【防治方法】

（1）选择抗性品种。利用品种的抗性控制害虫是最经济、有效的措施，玉米品种间对桃蛀螟的抗性存在差异。在黄淮海夏玉米区试不同玉米品种的抗性调查中，品种间抗性是存在的，可选择对桃蛀螟有一定抗性的玉米品种。

（2）在卵孵化盛期，可喷洒20%氰戊菊酯乳油4 000倍液或2.5%溴氰菊酯乳油4 000倍液，均匀喷玉米果穗顶部进行防治。常发区域可在大喇叭口期施用毒死蜱颗粒剂。抽穗后用辛硫磷、氯氰菊酯、毒死蜱等杀虫剂1 500~2 000倍液喷施果穗及其上、下几个叶的叶腋处。

（3）生物防治。由于桃蛀螟食性复杂，世代重叠严重，特别是在玉米田为害主要是在玉米抽雄后，且发生时期较玉米螟晚，产卵高峰在玉米花丝萎蔫后，这个时期由于玉米植株高大，化学防治十分困难。因此，可筛选对桃蛀螟有很好控制效果的优良赤眼蜂蜂种或品系，进行繁殖和释放。

三、草地螟 *Loxostege sticticalis*（Linnaeus）

【分布与为害】

草地螟是北温带干旱少雨气候区的一种暴发性、世界性分布的害虫。国外主要分布于欧、亚、北美草原及接近草原地带的南部。我国主要分布于北纬37°以北，由东经108°~118°斜向北纬50°的地区，如黑龙江、吉林、内蒙古、宁夏、甘肃、青海、北京、河北、陕西、山西等地。近年研究证实，东北地区大发生的草地螟虫源主要来自蒙古国东部及中蒙边境地区，具有间隔10~13年周期性暴发成灾的特点。该虫为杂食性害虫，可取食35科200余种植物，主要为害甜菜、大豆、向日葵、亚麻、高粱、豌豆、扁豆、瓜类、甘蓝、马铃薯、茴香、胡萝卜、葱、洋葱和玉米等，但嗜食程度有很大差异。栽培作物中，草地螟幼虫喜食大豆、甜菜、向日葵等；野生植物中，最嗜食灰菜和猪毛菜等藜科植物。

草地螟在玉米田主要为害下部叶片，初孵幼虫取食叶肉，残留表皮，2~3龄幼虫可聚集为害，3龄后开始结网，食量大增，4~5龄为暴食期，可吃光成片作物，成群转移。

【形态特征】

成虫：为暗褐色的中型蛾。体长 10~12mm，翅展 24~26mm。体、翅灰褐色，前翅翅中央稍近前方有 1 个近似方形淡色斑，外缘有黄色点状条纹，近顶角处有 1 个长形黄白色斑；后翅灰色，沿外缘有两条平行的黑色波状纹。

卵：椭圆形，长 0.8~1.0mm，宽 0.4~0.5mm，初产时乳白色，有光泽，后变黄色，近孵化时为黑色。

幼虫：共 5 龄，老熟幼虫体长 19~25mm，头黑色有白斑，体暗黑或暗绿色；体背及体侧有明显暗色纵带，带间有黄绿色波状细纵纹。腹部各节有明显刚毛瘤，毛瘤部黑色，有两层同心的黄白色圆环。

蛹：长 15mm，黄褐色，腹末有 8 根刚毛，蛹外包被泥沙及丝形成的口袋形茧，茧长 20~40mm。

【生活习性】

草地螟在我国 1 年发生 1~4 代。在年等温线 0℃以北地区（黑龙江北部和内蒙古北部）1 年发生 1 代，年等温线 0~8℃地区（东北大部、华北大部和西北北部）1 年发生 2~3 代，年等温线 8~12℃的地区（北京、天津、河北、山西和陕西）1 年发生 3~4 代，各地均以老熟幼虫在土中结茧越冬，翌年春季化蛹羽化。成虫白天多潜伏在夏至草（越冬代成虫）、益母草（第一代成虫）等蜜源及藜科植物的杂草丛中，受惊扰后，可作短距离飞行。成虫趋光性很强，探照灯、黑光灯均可诱集。成虫需取食花蜜，才能性成熟、交配、产卵。成虫具有远距离迁飞习性，常在日落后、微风或逆温层出现时大量起飞，上升至距地面 50~100m 空中，然后随风远距离飞行。迁飞成虫途中如遇下沉气流，可被迫降落，形成突增现象，成为新的繁殖中心。成虫喜产卵于灰菜、猪毛菜、刺蓟等植物的叶背面，距离地面 8cm 处较多，卵单产或 3~5 粒或多达 10 余粒聚产，呈覆瓦状，每头雌蛾可产卵 200 余粒。

幼虫有吐丝结网的习性。1~2 龄幼虫受惊可吐丝下垂，3 龄期结网，一般 3~4 头结 1 个网，也有 7~8 头结一个网。4 龄末至 5 龄常常单虫分散结网为害。3 龄后遇有触动，即呈螺旋状后退或呈波浪状跳动，吐丝落地向前爬。1~2 龄幼虫多聚集植物心叶内和叶背取食叶肉，残留表皮，食量小。3 龄以后幼虫食量逐渐增大，可将叶肉全部吃光，仅留叶脉和表皮。5 龄幼虫进入暴食阶段，食量可占幼虫食量的 80%以上。一般轻发生年份，草地螟幼虫常发生在灰菜、猪毛菜等杂草上，很少侵害农田。在草地螟幼虫为害盛期，往往由于虫口密度过大，或食料缺乏，大批迁移邻近农田为害，导致灾害面积扩大。幼虫老熟后，钻入土层 4~9cm 深处结袋状茧，竖立土中，上端向地面开口处有薄丝封闭，幼虫在茧内化蛹。

【发生规律】

温度和湿度是影响草地螟发生的重要因素。一般来说，平均气温、降水量和相对湿度偏高时，利于草地螟大发生。高温干旱、蛾盛期持续低温，不利于草地螟发生为害。温度和湿度也影响草地螟的产卵方式和田间落卵部位。一般适温、高湿时，成虫选择在植物叶背、细枯枝或草根上产卵。低温、低湿时，多选择在叶面和中部叶片上产卵，且多为单产。草地螟成虫具有补充营养的习性，成虫期蜜源植物的多少决定产卵量的多少。另外，耕作制度对草地螟的发生也有很大影响，深翻会破坏越冬环境，导致越冬幼虫死亡，不利于翌年幼虫发生。

【防治方法】

（1）农业防治。在草地螟集中越冬场所，采取秋翻、春耕、耙耱及冬灌，破坏草地螟的越冬环境，增加越冬幼虫的死亡率。在成虫产卵盛期后未孵化前铲除田间杂草，集中处理，可起灭卵的作用。种（留）苜蓿等植物诱集带，在诱集带内集中杀灭成虫和卵。

（2）理化诱控。可利用黑光灯、高空灯进行阻截诱杀，也可以选择性诱剂或食诱剂进行诱杀。

（3）生物防治。用核型多角体病毒、*Bt*、白僵菌等生物制剂喷雾防治。

（4）化学农药防治。在大部分幼虫 3 龄前及时防治，药剂可选用高效氯氰菊酯、氟氯氰菊酯、溴氰菊酯、氟啶脲等。

四、黏虫 *Mythimna separata*（Walker）

【分布与为害】

我国除新疆外，其他地区均有分布。幼虫取食的食物种类较多，主要为害稻、麦、玉米、高粱、糜子、甘蔗、青稞等禾本科作物。

主要以幼虫咬食叶片。小麦成熟后，黏虫向玉米地迁移。1~2 龄幼虫取食叶片造成孔洞，3 龄以上幼虫为害叶片后呈现不规则缺刻，暴食时，可吃光叶片。大发生时，将玉米叶片吃光，只剩叶脉，造成严重减产，甚至绝收。春播区春小麦和春玉米田间作或麦田套播玉米，小麦黄熟后，若黏虫大发生，稍不注意，可导致迅速全田毁坏。一块田的玉米被吃光，幼虫常成群列队迁到另一块田继续为害，故又名"行军虫"。

【形态特征】

成虫：体长 15~17mm，翅展 36~40mm，头部与胸部灰褐色，腹部暗褐色。前翅灰黄褐色、黄色或橙色，变化很多；内横线往往只现几个黑点，环纹与肾纹褐黄色，界线不显著，肾纹后端有 1 个白点，其两侧各有 1 个黑点；外横线为 1 列黑点；亚缘线自顶角内斜至 Mz；缘线为 1 列黑点。后翅暗褐色，向基部色渐淡。

卵：馒头形，单层成行排成卵块，初产时白色，渐变黄色。

幼虫：6 龄，老熟幼虫 38mm。头红褐色，头盖有网纹，额扁，两侧有褐色粗纵纹，略呈"八"字形，外侧有褐色网纹。密度会导致体色变化，低密度时幼虫多为淡绿，背中线白色，亚背线与气门上线之间稍带蓝色，气门线与气门下线之间粉红色至灰白色；在大发生虫口密度较高时，幼虫背面常呈黑色，腹面淡污色。腹足外侧有黑褐色宽纵带，足的先端有半环式黑褐色趾钩。

【生活习性】

典型的迁飞性害虫，每年 3 月至 8 月中旬顺气流由南往偏北方向迁飞，8 月下旬至 9 月又随偏北气流南迁。国内由南到北每年发生 2~8 代不等。在 1 月等温线 0℃（约北纬 33°）以北不能越冬，需每年由南方迁入。1 月等温线 0~8℃（北纬 33°~27°）区域多以幼虫或蛹在稻茬、稻田埂、稻草堆、茭白丛、杂草等处越冬，1 月等温线 8℃（约北纬 27°）以南可终年繁殖，主要在小麦田过冬为害。成虫飞翔力强，有昼伏夜出习性，对灯光、糖醋液有较强趋性，喜食花蜜。雌虫产卵有趋向黄枯叶片习性，适宜条件下每雌一生可产卵 1 000 粒，最多达 3 000 粒。在玉米苗期卵产在叶片尖端，成株期产在苞叶或花丝等处，形成纵卷条状卵块，每块卵 20~40 粒，多者达 200~300 粒。幼虫孵化后先吃掉卵壳，后爬至叶面分散为害，3 龄后有假死习性。幼虫老熟后在植株附近钻入表层土中筑土室化蛹。

【发生条件】

黏虫发生数量与早晚取决于气候条件，总体上黏虫喜适温高湿环境。成虫产卵适温 15~30℃，最适温 19~21℃；相对湿度低于 50% 产卵量和交配率下降，低于 40% 时 1 龄幼虫全部死亡。成虫产卵期和幼虫低龄期气温适宜、雨水充沛，则黏虫发生重，高温、干旱会抑制其发生，但雨量过多，特别是暴雨可显著降低种群数量。另外，田间禾本科杂草较多的地块发生重，杂草少的地块发生轻。低温时黏虫钻入玉米心叶里，高温时潜伏在叶片背面，温度适宜时在叶片正面为害。

【防治方法】

(1) 诱杀成虫和卵。

①谷草把诱杀：发蛾始盛期，在田内每亩用 5 个大谷草把，分别吊在离地 1~1.5m 高的木棍上，每隔 20~30m 插 1 个，每日清晨抖草把，人工灭杀跌落的蛾子。发蛾高峰期，可在田内插小谷草把，诱集成虫产卵，每亩地可散插 10~15 个小谷草把，草把应高出作物 30~40cm。大、小草把应 5d 换 1 次，换下后立即烧毁。

②糖醋液诱杀：取红糖 350g、酒 150g、醋 500g、水 250g、90% 的晶体敌百虫 15g，制成糖醋诱液，放在田间 1m 高的地方诱杀黏虫成虫。

③灯光诱杀：根据成虫的趋光性，利用高空探照灯、黑光灯等进行诱杀。

(2) 农业防控。周年繁殖区，秋季结合中耕铲除杂草，减少越冬虫源，压缩小麦种植面积，减少翌年的虫源基数。在迁飞过渡区，减少小麦、玉米套作，减轻幼虫之间的转移为害。

(3) 加强天敌保护与利用。黏虫天敌种类很多，如鸟类、蛙类、捕食性/寄生性昆虫、线虫、微生物等，特别是寄生性天敌绒茧蜂对黏虫幼虫具有很强的控制作用，可以加强天敌的保护与利用，控制黏虫为害。

(4) 化学防控。针对低龄幼虫可以选择昆虫生长调节剂喷雾，如灭幼脲系列产品。大发生或者虫龄较大时，可以选用高效氯氰菊酯、溴氰菊酯、甲维盐、氯虫苯甲酰胺等进行喷雾防治。施药时间最好选在晴朗的早晨或傍晚。

五、斜纹夜蛾 *Spodoptera litura*（Fabricius）

【分布与为害】

在国内各地均有发生，但主要分布于长江流域的江西、江苏、湖南、湖北、浙江、安徽，以及黄河流域的河南、河北、山东等。国外普遍分布于朝鲜、日本、印度和澳大利亚等国家。斜纹夜蛾食性杂，可为害 99 科 200 余种植物，如白菜、甘蓝、大葱、玉米、棉花、烟草、水稻、高粱、豆类、向日葵、草莓等。

初孵幼虫群集在卵块附近取食寄主叶肉，留下上表皮和叶脉，呈筛网状，稍遇惊扰就四处分散或吐丝飘散。4 龄后进入暴食期，可吃光叶片，仅留主脉。

【形态特征】

成虫：体长 14~20mm，翅展 33~46mm。体暗褐色，前翅灰褐色，内横线和外横线灰白色，波浪形，有白色条纹，环形纹不明显，肾形纹前部白色，后部黑色，环状纹和肾状纹之间有 3 条白线组成明显、较宽的斜纹，自翅基部向外缘还有 1 条白纹。后翅白色。

卵：半球形，直径约 0.5mm，表面有纵横脊纹，初产黄白色，后变为暗黑色。卵粒常常 3~4 层叠成卵块，外覆黄色绒毛。

幼虫：共 6 龄，体色变化大。虫口密度大时幼虫体色深，多为黑褐或暗褐色，密度小时，多为灰绿色，另外寄主、温度对体色也有影响。老熟幼虫体长 36~48mm，从中胸至第九腹节亚背线内侧，各有近似半月形或三角形黑斑 1 对。其中以第一、第七、第八腹节的黑斑最大。

蛹：长 18~23mm，赤褐色至暗褐色，尾部有 1 对短刺。

【生活习性】

斜纹夜蛾在我国华北地区 1 年发生 4~5 代，长江流域 1 年发生 5~6 代，福建 1 年发生 6~9 代，在广东、福建、台湾等地可终年繁殖，无越冬现象，但以 7—10 月为害最严重。部分地区，以蛹在土下 3~5cm 处越冬。成虫昼伏夜出，有趋光性，飞翔能力强，对糖醋液趋性强，成虫羽化后，多在开花植物上取食花蜜补充营养后交尾产卵，每头雌蛾一般可产卵 500 粒左右，最多可达 2 000~3 000 粒。产卵位置多位于茂密植物的叶背、叶柄。初孵幼虫有群集习性，幼虫畏光，白天多潜入土中，夜间取食为害，有假死、自相残杀等习性。老熟幼虫入土化蛹。

【发生规律】

斜纹夜蛾为喜湿性害虫，温度 28~30℃，相对湿度 75%~85%，土壤含水量 20%~30%最为适宜。当夏秋季节温暖干燥、湿度适宜且无暴雨的情况下，常严重发生。土壤含水量低于 20%时，对幼虫化蛹、成虫羽化不利。低龄幼虫如遇暴风雨，会大量死亡，蛹期有积水也会导致蛹死亡。另外，不同寄主对斜纹夜蛾的发育历期有显著影响。斜纹夜蛾的发生程度还受到天敌种类与数量的影响，黑卵蜂、赤眼蜂、寄蝇等天敌对斜纹夜蛾有明显的控制作用。

【防治方法】

（1）诱杀成虫。利用成虫趋光性和趋化性，可用黑光灯、糖醋液（糖：酒：醋：水＝6：1：3：10）、甘薯或豆饼发酵液诱杀成虫，糖醋液中可加少许敌百虫。

（2）生物防控。可选用斜纹夜蛾核型多角体病毒、*Bt*、微孢子虫、线虫等进行防控。

（3）化学防控。根据斜纹夜蛾幼虫消长动态和昼伏夜出的习性，在幼虫低龄期用药，选择傍晚前后使用高效、低毒、低残留农药进行喷雾，药剂种类有辛硫磷、溴氰菊酯、高效氯氰菊酯，初孵幼虫也可以选用灭幼脲、虱螨脲等昆虫发育调节抑制剂。

六、甜菜夜蛾 *Spodoptera exigua*（Hübner）

【分布与为害】

甜菜夜蛾分布范围非常广泛，我国各地均有分布。甜菜夜蛾为杂食性害虫，已知寄主有170余种，涉及35科108属，主要为害玉米、高粱、甜菜、大豆、花生、芝麻、烟草和多种蔬菜。

低龄幼虫取食后，可使叶片"开天窗"，随着幼虫发育，可将玉米叶片吃成孔洞或缺刻，严重时将叶片吃光，仅剩下叶脉，造成玉米减产。为害幼苗时，甚至可将幼苗吃光。

【形态特征】

成虫：体长8～12mm，翅展19～25mm。灰褐色，头、胸有黑点。前翅灰褐色，基线仅前段可见双黑纹，内横线双线黑色，波浪形外斜；剑纹为一黑条；环形纹粉黄色，黑边；肾形纹粉黄色，中央褐色，黑边；中横线黑色，波浪形；外横线双线黑色，锯齿形，前、后端的线间白色；亚缘线白色，锯齿形，两侧有黑点，外侧在M1处有一个较大的黑点；缘线为1列黑点，各点内侧均衬白色。后翅白色，翅脉及缘线黑褐色。

卵：卵粒白色圆球状，成块产于叶面或叶背，8～100粒不等，排为1～3层，外面通常覆有雌蛾脱落的白色绒毛。

幼虫：一般有5个龄期。末龄幼虫体长约22mm，体色变化很大，有绿色、暗绿色、黄褐色、褐色至黑褐色，背线或有或无，颜色亦各异。腹部气门下线为明显的黄白色纵带，有时略带粉红色，此带直达腹部末端，不弯到臀足上，各节气门后上方具1明显白点。

蛹：长约10mm，黄褐色，中胸气门外突。臀刺上有刚毛2根，腹面也有2根短刚毛。

【生活习性】

甜菜夜蛾具有分布范围广、寄主多、迁飞能力强、喜湿且耐高温等特性。雷达观测表明，我国华北存在甜菜夜蛾大规模迁飞现象。甜菜夜蛾在海上能连续飞行 3 218km。成虫昼伏夜出，对黑光灯和糖醋液有强趋性。甜菜夜蛾幼虫一般分为 5 个龄期，环境不利时，也可能变为 6 个或 7 个龄期，1 龄幼虫具有正趋光性，2 龄幼虫有弱负趋光性，3~4 龄幼虫不受光强的影响，5 龄具有很强的负趋光性。1~2 龄幼虫群集在叶背卵块处吐丝结网，啃食叶肉，形成"天窗"，3 龄后分散为害，形成孔洞或缺刻。幼虫有假死性，会自相残杀。

【发生规律】

20 世纪 80 年代以前，甜菜夜蛾在我国属于一种偶发性害虫，很少造成严重为害。从 80 年代中后期开始，该虫在我国发生地区不断扩大，日趋严重。我国的甜菜夜蛾发生区可划分为 3 类：非越冬区，包括华北北部、东北和西北等地；可能越冬区，包括常年发生为害最严重的区域；常年活动区，即广东等地。根据以上区划，北方翌年甜菜夜蛾的首次发生程度与迁入虫源数量多少密切相关。甜菜夜蛾在北京、河北、山西等地 1 年发生 4~5 代，在山东、江苏北部等地 1 年发生 5 代，无法越冬。湖北、江苏南部 1 年发生 6 代，江西、湖南、浙江 1 年发生 6~7 代，以蛹在土内越冬，少数以老熟幼虫在杂草上及土缝中越冬。深圳 1 年发生 10~11 代，无越冬现象。甜菜夜蛾为高温干旱性害虫，7—9 月为其主要为害期。甜菜夜蛾发生与寄主植物丰富度密切相关，农作物偏施氮肥，发生重。另外，研究还发现低钾的土壤环境可减轻甜菜夜蛾为害。甜菜夜蛾的防治一直以化学农药为主，长期使用大量有机氯、有机磷和氨基甲酸酯等农药以后，使甜菜夜蛾产生相应抗性，导致甜菜夜蛾日益猖獗。

【防治方法】

（1）越冬区实行秋耕冬灌，可消灭大量越冬蛹，减少虫源。春季 3—4 月，及时除草，消灭杂草上的低龄幼虫。

（2）成虫发生期。用黑光灯进行诱杀。

（3）甜菜夜蛾防控要坚持"防早防小"的策略，要根据虫情监测结果，确定最合适的防控时期。药剂主要有灭幼脲、氟啶脲、乙基多杀菌素、甲维盐、氯虫苯甲酰胺等。

七、草地贪夜蛾 *Spodoptera frugiperda*（J. E. Smith）

【分布与为害】

草地贪夜蛾起源于美洲热带和亚热带地区，2016 年，草地贪夜蛾通过货运从美洲传入非洲尼日利亚和加纳，至 2018 年，草地贪夜蛾基本遍布非洲撒哈拉沙漠以南大部分粮食产区，2018 年 5 月，草地贪夜蛾侵入印度，12 月侵入中南半岛部分地区。2018 年 12 月，草地贪夜蛾首次侵入我国云南省普洱市江城县，至 2019 年 10 月 8 日，我国有 26 省（区、市）1 538 个县（区、市）发生草地贪夜蛾，其中有 91 县仅见成虫。草地贪夜蛾为杂食性害虫，幼虫可取食 76 科 350 多种植物，入侵我国后主要为害玉米、甘蔗、高粱、谷子、小麦、大麦、青稞、生姜、薏仁、辣椒、白菜、马铃薯、甘蓝等作物以及马唐、牛筋草等禾本科杂草。

草地贪夜蛾幼虫取食玉米叶、生长点、雌穗花丝和雄穗，也可以钻蛀雄穗、雌穗和根茎基部。在玉米苗期，1~3 龄幼虫通常藏匿于心叶中或在叶背面取食，取食后，可见半透明薄膜"窗孔"。4~6 龄幼虫可啃食叶片产生点片破损，或造成不规则的长形孔洞、叶缘缺刻，偶尔也见成排虫孔。5~6 龄幼虫可钻蛀苗期玉米根茎，造成枯心苗。在抽雄吐丝期，1~3 龄幼虫主要取食花丝，影响授粉造成果穗缺粒；4~6 龄幼虫可钻蛀雄穗影响花粉成熟，钻蛀雌穗可造成直接减产。

【形态特征】

成虫：翅展 32~40mm。雌蛾前翅圆形斑和肾形斑轮廓线黄褐色。雄虫前翅深棕色，具黑斑和浅色暗纹，翅顶角向内有 1 个三角形白斑，环状纹后侧自翅外缘至中室有 1 条浅色斜纹，肾状纹内侧有白色楔形纹；后翅灰白色，翅脉棕色并透明。雄虫外生殖器抱握器正方形，抱器末端的抱器缘刻缺。雌虫交配囊无交配片。

卵：呈圆顶形，直径 0.4mm，高为 0.3mm。卵多产于叶片正面，通常100~200 粒卵堆积成块状，卵上多覆盖有鳞毛，初产时为浅绿或白色，孵化前渐变为棕色。

幼虫：一般有 6 个龄期，偶为 5 个，体色多变，有浅黄、浅绿、褐色多种。老熟幼虫体长 35~50mm，头部具黄色倒"Y"形斑，背毛片黑色，腹部末节有呈正方形排列的 4 个黑斑。幼虫高密度时，末龄幼虫几乎为黑色。

蛹：呈椭圆形，红棕色，长 14~18mm，宽 4.5mm。老熟幼虫落到地上进入浅层（通常深度为 2~8cm）的土壤中做一个蛹室，在土沙粒包裹蛹茧内化蛹，有时亦可在寄主植物如玉米穗上或叶腋处化蛹。

【生活习性】

草地贪夜蛾具有远距离迁飞习性，无滞育习性，条件适合时可周年繁殖。在我国东半部的越冬北界位于北纬 32°~34°，此界线以北的华北、东北、华东、中南地区，冬季日平均温度等于或低于 0℃的天数超过 30d 以上时，不能越冬。

【发生规律】

根据其发生情况，我国一共划分为 3 个区域即西南周年繁殖区、江淮迁飞过渡区和北方重点防范区。根据有效积温推测，东北地区、内蒙古东南部、河北东北部、山东东部、山西中北部、北京等地，1 年发生 2~3 代。北纬 33°~36°，包括江苏、上海、安徽、河南中南部、山东南部、湖北北部等地，1 年发生 4~5 代。北纬 27°~33°，包括湖北中南部、湖南、江西、浙江、福建北部、江苏和安徽南部等地，1 年发生 5~6 代。北纬 27°以南，广东和广西南部，福建东部和南部，海南、台湾等地，1 年发生 6~8 代。成虫有趋光性，但较弱，幼虫有自相残杀习性。

【防控方法】

重点抓好玉米苗期至抽雄期防治工作，应在低龄（1~3 龄）幼虫期施药。鉴于目前中国无防治该虫的登记农药，根据《农药管理条例》有关规定，农业农村部在专家论证的基础上，推荐药剂有甲氨基阿维菌素苯甲酸盐、茚虫威、四氯虫酰胺、氯虫苯甲酰胺、高效氯氟氰菊酯、氟氯氰菊酯、甲氰菊酯、溴氰菊酯、乙酰甲胺磷、虱螨脲、虫螨腈、甘蓝夜蛾核型多角体病毒、苏云金杆菌、金龟子绿僵菌、球孢白僵菌、短稳杆菌、草地贪夜蛾性引诱剂等单剂，以及甲氨基阿维菌素苯甲酸盐·茚虫威、甲氨基阿维菌素苯甲酸盐·氟铃脲、甲氨基阿维菌素苯甲酸盐·高效氯氟氰菊酯、甲氨基阿维菌素苯甲酸盐·虫螨腈、甲氨基阿维菌素苯甲酸盐·虱螨脲、甲氨基阿维菌素苯甲酸盐·虫酰肼、氯虫苯甲酰胺·高效氯氟氰菊酯、除虫脲·高效氯氟氰菊酯等复配剂。药剂选择要遵循区域性轮换原则，除微生物杀虫剂以外，一季作物使用不得超过 2 次。

八、劳氏黏虫 *Leucania loreyi*（Duponchel）

【分布与为害】

资料记载，国内劳氏黏虫分布于华中、华东和华南等地，根据草地贪夜蛾监测过程中的发现，北京、河北、内蒙古、辽宁等华北和东北地区南部也有该物种分布；国外分布于日本、印度、缅甸、菲律宾、印度尼西亚及大洋洲、欧洲等地。幼虫食性杂，可取食多种植物，喜食禾本科植物，主要为害苏丹草、羊草、披碱草、黑麦草、冰草、狗尾草等植物以及水稻、小麦、大麦、高粱、玉米和甘蔗等作物。

劳氏黏虫以幼虫取食叶片、花丝和幼嫩籽粒。取食叶片时，1~2 龄幼虫仅食叶肉，形成"天窗"或小圆孔，3龄后形成缺刻，5~6龄达暴食期。为害严重时将叶片吃光，使植株形成光秆。

【形态特征】

成虫：体长14~17mm，翅展30~36mm，灰褐色，前翅从基部中央到翅长约2/3处有1暗黑色带状纹，中室下角有1明显的小白斑。肾形纹、环形纹均不明显。腹部腹面两侧各有1条纵行黑褐色带状纹。

幼虫：幼虫一般6龄，体色变化较大，一般为绿色至黄褐色，体具黑、白、褐等色的纵线5条。头部黄褐色至棕褐色，气门淡黄褐色，周围黑色。老熟幼虫头部暗褐色，侧面有黑褐斑纹，体黑褐色稍带黄色，密布黑色小圆突，腹部末端肛上板有1对明显黑纹，背线、亚背线及气门线均黑褐色，不明显。

卵：馒头形，直径0.6mm左右，淡黄白色，表面具不规则的网状纹。

蛹：尾端有1对向外弯曲叉开的毛刺，其两侧各有1个细小弯曲的小刺，小刺基部不明显膨大。黄褐至暗褐色，腹末稍延长，有1对较短的黑褐色粗刺。

【生活习性】

劳氏黏虫在广东1年发生6~7代，在福建、江西等地1年发生4~5代，在河南1年发生3~4代。成虫对糖醋液趋性很强，羽化后的成虫必须补充营养，并在适宜的温湿度条件下，才能进行正常的交配、产卵。成虫喜在叶鞘内产卵，并分泌黏液，将叶片与卵粒粘住。雌蛾产卵量受环境条件影响很大，一般可产几十粒至几百粒，多者可产千粒左右。幼虫共6龄，昼伏夜出，有假死性。老熟幼虫常在草丛中、土块下等处化蛹。

【发生规律】

春玉米田劳氏黏虫发生轻重与到麦田的距离密切相关，距离麦田越远，受害株率越低。田间寄生蜂、昆虫病原线虫和病原微生物等会抑制劳氏黏虫的发生与为害。另外，劳氏黏虫喜高温干旱。

【防控方法】

劳氏黏虫昼伏夜出，应在傍晚防治，可选用高效氯氰菊酯、阿维·高氯、溴氰菊酯等药剂进行喷雾。

九、棉铃虫 *Helicoverpa armigera* （Hübner）

【分布与为害】

我国各地均有发生，国外广泛分布于各大洲及太平洋一些岛屿。寄主植物主要有棉花、玉米、小麦、花生、高粱、甜椒、马铃薯、番茄等，有时还为害果树和一些观赏花卉。

棉铃虫幼虫可钻蛀玉米雌穗、雄穗，也取食叶片，生产上以蛀食雌穗造成的为害最重，并引发穗腐病，导致间接为害。取食心叶可造成虫孔，且比玉米螟为害产生的虫孔粗大，周边常见粒状粪便。棉铃虫幼虫有转株为害的习性，田间发生有典型的中心株。

【形态特征】

成虫：体长 14~20mm，翅展 27~40mm。前翅体色变化较多，雌蛾前翅黄褐色，雄蛾灰绿色。内横线不明显，中横线很斜，末端达后缘，位于环状纹的正下方，亚外缘线波形幅度较小，与外横线之间呈褐色宽带，带内有 8 个白点，外缘有 7 个红褐色小点，排于翅脉间。环形纹具褐边，肾形纹褐色。后翅灰白色，翅脉褐色，中室末端有 1 条茶褐色斜纹，外缘有 1 条茶褐色宽带纹，带纹中有 2 个月牙白斑。复眼球形，绿色。

卵：散产，近半球形，长 0.51~0.55mm，宽 0.44~0.48mm，顶部稍隆起，底部较平，中部常有 24~34 条纵棱。初产时乳白色或翠绿色，逐渐变为黄色。近孵化时，红褐色或紫褐色，顶部黑色。

幼虫：可分为 5~6 龄，通常为 6 龄，老熟幼虫，背线一般有 2 条或 4 条，颜色多变，大致分为绿色、淡绿色、黄白色、淡红色等 4 种，体表布满褐色和灰色小刺，头部黄色，有褐色网状斑纹，各体节有毛片 12 个。

蛹：长 17~20mm，宽 4.2~6.5mm，纺锤形，赤褐至黑褐色，腹末有一对臀刺，刺的基部分开。气门较大，围孔片呈筒状突起较高，腹部第 5~7 节的背面和腹面有 7~8 个马蹄形刻点，第 8、9 腹节后缘呈倒"V"形。刻点半圆形。大多数老熟幼虫入土化蛹，外被土茧。

【生活习性】

成虫有趋光性，对黑光灯趋性强，对半枯萎的杨树枝把也有很强的趋性，成虫产卵量平均 1 000 余粒，在生长旺盛且抽穗早的玉米田明显比长势差的玉米田产卵量多。产卵部位多位于雌穗刚吐出的花丝上或附近的叶毛上，或刚抽出的雄穗上。幼虫共 6 龄，幼虫有自相残杀习性。幼虫孵化后先食卵壳，再取食幼嫩的叶片、花丝与雄穗。幼虫 3 龄前多在植株外部取食为害，3 龄以后，多钻蛀到苞叶内为害果穗，为害程度大于玉米螟。末龄幼虫入土化蛹。

【发生规律】

棉铃虫喜中温高湿，发育最适温度为 25~28℃，相对湿度为 70%~

90%，6—8月降水量达100~150mm时，利于棉铃虫的严重发生。在我国由北向南1年可发生3~7代，在华北大部分地区1年发生4代，以滞育蛹越冬。第一代成虫始见于6月上中旬，中下旬盛发；第二代成虫始见于7月上中旬，盛发于中下旬；第三代成虫始见于8月上中旬，以第四代滞育蛹越冬。受耕作制度的影响，在黄淮海地区，夏玉米穗期和棉田第3代棉铃虫卵高峰期吻合，因此，迁移为害后，会造成玉米田第四代棉铃虫发生加重。

【防治方法】

（1）农业防治。玉米收获后，及时深翻耙地及实行冬灌，可大量消灭越冬蛹。生产季节，可在玉米地边种植诱集作物如洋葱、胡萝卜等，于盛花期可诱集到大量棉铃虫成虫，及时喷药，聚而歼之。在规模化种植区域，可以推广覆膜栽培技术，增加玉米长势，提高病虫抵抗力。

（2）理化诱控。根据棉铃虫的趋光、趋化习性，可以选择黑光灯、食诱剂、性诱剂进行成虫诱杀，减少田间落卵量。

（3）生物防治。在棉铃虫卵盛期，人工饲养释放赤眼蜂或草蛉。也可在卵盛期喷施 Bt 乳剂，或棉铃虫核型多角体病毒等。

（4）化学防治。在幼虫3龄以前，选用灭幼脲进行防控，也可以选择高效氯氰菊酯、溴氰菊酯、氯虫苯甲酰胺等进行喷雾。在大喇叭口期，可以在心叶内撒施辛硫磷、毒死蜱、丁硫克百威等药剂制成的颗粒剂进行防控。

十、黄腹灯蛾 Spilosoma lubricipeda（Linnaeus）

【分布与为害】

国内大部分省区均有分布，可取食作物有大豆、棉花、玉米、甘薯、马铃薯、蓖麻、桑、瓜类、十字花科蔬菜等植物。

初孵幼虫群居叶背，啃食叶肉，留下表皮，稍大后可分散为害；大龄幼虫咬食叶片，只留主脉和叶柄，有时也咬断雌穗花丝，甚至吃掉穗顶嫩粒。

【形态特征】

成虫：体长14~18mm，翅展33~46mm；白色；下唇须、触角暗褐色；胸足具黑纹，腿节上方黄色或红色；腹部背面除基节和端节外为黄色或红色，背面、侧面和亚侧面各有1列黑点；前翅散生黑点，或多或少，变异极大。

卵：半球形，初产为乳白色，后变成灰黄色，表面有网状纹。

幼虫：土黄色至深褐色，背线橙黄色或灰褐色，密生棕黄色至黑褐色长毛，气门白色，头黑色，腹足土黄色。

蛹：黑褐色，外面有黄色丝茧，缀有幼虫体毛。

【生活习性】

1年发生2~6代，老熟幼虫在地表落叶中或浅土中吐丝黏合体毛结茧越冬，北方第一代成虫于5月羽化，第二代成虫于7—8月间羽化，成虫昼伏夜出，有趋光性，白天在寄主叶下栖息，夜间交配产卵。卵块的卵粒排列成行，每块有卵数十粒至百粒。幼虫爬动速度极快，遇振动有落地假死、身体蜷缩成环状的习性。

【防治方法】

参考其他鳞翅目害虫

十一、红缘灯蛾 *Amsacta lactinea*（Cramer）

【分布与为害】

我国各地均有发生，20世纪70年代初，河北省、山东省、山西省曾大发生，为害严重。寄主有玉米、高粱、谷子、豆类、芝麻、棉花、向日葵、蔬菜等。

幼虫取食叶片和果穗，大发生时吃光玉米幼苗或花丝，并对籽粒造成为害。

【形态特征】

成虫：体长18~20mm，翅展46~64mm；体、翅白色，触角线状黑色；前翅前缘及颈板端极红色，腹部背面除基节及肛毛簇外橙黄色，并有黑色横带，侧面具黑纵带，亚侧面带侧1列黑点，腹面白色。前翅中室上角常具黑点；后翅横脉纹常为黑色新月形纹，亚端点黑色，1~4个或无。

卵：半球形，直径约0.7mm；卵壳表面自顶部向周缘有放射状纵纹；初产黄白色，有光泽，后渐变为灰黄色至暗灰色。

幼虫：老熟幼虫长约40mm，头黄褐色，胴部深褐或黑色，全身密披红褐色或黑色长毛，胸足黑色，腹足红色，体侧具1列红点，背线、亚背线、气门下线由1列黑点组成；气门红色。低龄幼虫体色灰黄。

蛹：长22~26mm，宽9~10mm，黑褐色，有光泽，有臀刺10根。

【生活习性】

成虫昼伏夜出，趋光性强，飞翔力弱。

【发生规律】

我国东部地区、辽宁省以南发生较多，北方1年发生1代，南方1年发生2~4代，均以蛹越冬。北方6—8月羽化，7月是羽化盛期。不需补充营养即可产卵，多于夜间成块产卵于上中部叶片背面，卵粒达数百粒。幼虫孵化后群集为害，3龄后分散为害，5龄后食量猛增，6~7龄是暴食期；幼虫活泼，爬行能力强，有假死性，老熟后入浅土或于落叶等被覆物内结茧化蛹，越冬场所以沟坡、田埂、缝穴等处较多。卵期6~8d，幼虫期27~28d，成虫寿命5~7d。

【防治方法】

参考其他鳞翅目害虫。

第二节　地下害虫

一、二点委夜蛾 *Athetis lepigone* （Möschler）

【分布与为害】

国外主要分布于日本、朝鲜半岛、俄罗斯等地，在国内主要分布于黄淮海地区的河北、山东、河南、安徽、江苏、山西、北京、天津和辽宁等地。寄主植物有玉米、大豆、花生、棉花、甘薯、谷子、高粱、萝卜、白菜、番茄、辣椒、油麦菜、灰菜、苋菜、狗尾草和马齿苋等。

幼虫为害玉米分为3种类型：①啃咬刚出苗的嫩叶，形成孔洞；②啃咬玉米茎基部，形成1个孔洞；③啃食根部，破坏疏导组织，造成植株萎蔫或死亡。

【形态特征】

成虫：体长10~12mm，翅展20mm。雌虫会略大于雄虫。头、胸、腹灰褐色。前翅灰褐色，有暗褐色细点；内线、外线暗褐色，环纹为1个黑点；肾纹小，边缘由黑点组成，外侧中凹，有1个白点；外线波浪形，翅外缘有1列黑点，7~8个。后翅白色微褐，端区暗褐色。腹部灰褐色。

卵：馒头状，直径不到1mm，上有纵脊，初产黄绿色，后土黄色。

幼虫：老熟幼虫体长20mm左右，头部褐色，体色灰黄色。背侧线双线灰白色，腹部每个体节对称分布4个底色为白色且上有黑点的毛瘤，中间有1个"V"字形斑。

蛹：老熟幼虫入土先结丝质土茧，然后在茧内化蛹。蛹长10mm左右，化蛹初期淡黄褐色，逐渐变为褐色。

【生活习性】

二点委夜蛾在河北省南部 1 年发生 4 代，世代重叠严重，越冬代成虫为 4 月底至 5 月底，一代成虫 6 月至 7 月上旬，二代成虫 7 月上中旬至 8 月上中旬，三代成虫 8 月下旬至 10 月中旬。北京 1 年发生 3 代，越冬代为 4 月底至 6 月下旬，一代成虫 6 月下旬至 8 月上旬，8 月中旬以后的都属于二代成虫。成虫除具有明显的趋光性以外，还对麦秸堆有明显趋性，喜在上面产卵。幼虫孵出后，主要取食腐烂的籽粒、自生苗等。

【发生规律】

二点委夜蛾喜欢潮湿环境，适温高湿有利于幼虫生长发育，高温干燥可抑制幼虫发育。由于成虫喜欢在麦秸上产卵，因此，田间秸秆量大且靠近玉米根部的玉米植株易受害。

【防控方法】

（1）农业防治。小麦玉米轮作区在麦收后及时灭茬，或者推广灭茬播种技术，让新生的夏玉米苗尽量远离麦秸，增加幼虫到玉米根部的距离，从而减轻为害。

（2）理化诱控。利用成虫的趋光性、趋化性特点，设置黑光灯、杀虫灯、性诱剂等进行诱杀。

（3）生物防控。在麦茬地喷施专门的白僵菌悬浮剂，利用幼虫喜欢潮湿且聚集的特性，充分发挥白僵菌的作用。

（4）化学防控。播种时，选用内吸性的种衣剂进行拌种。严重时，选用高效氯氰菊酯、甲维盐、氯虫苯甲酰胺进行喷雾防控。

二、小地老虎 Agrotis ipsilon（Hufnagel）

【分布与为害】

小地老虎在全国各省（区）均有分布，其中又以沿海、沿湖、沿河及低洼内涝、土壤湿润、杂草多的杂谷区和粮棉混作区发生较重，其他旱作区、蔬菜区也有不同程度的为害。食性杂，主要为害对象有棉花、玉米、高粱、小麦、烟草、薯类、麻类、豆类、各类蔬菜等，也为害椴、水曲柳、胡桃楸及红松等幼苗。

1~2 龄幼虫取食玉米的心叶，造成小孔洞和缺刻。3 龄以上幼虫可将幼苗近地面茎部或叶柄咬断，严重时造成缺苗断垄甚至毁种。

【形态特征】

成虫：体长 21~23mm，翅展 48~50mm。头、胸及前翅褐色或黑灰色，前翅前缘区色较黑，翅脉纹黑色，基线、内线及外线均为双线黑色，中线黑色，亚端线灰白色锯齿形，内侧 4～6 脉间有 2 条楔形纹，外侧 2 个黑点，端线为 1 列黑点，缘毛褐黄色，有 1 列暗点。环纹、肾纹暗灰色，肾纹黑边，中有 1 条黑曲纹，中部外方有 1 条楔形黑纹伸达外线，其尖端与外侧 2 条楔形纹尖端中间相对。后翅半透明白色，翅脉褐色。

幼虫：老熟幼虫头部暗褐色，侧面有黑褐斑纹，体黑褐色稍带黄色，密布黑色小圆突，腹部末端肛上板有 1 对明显黑纹，背线、亚背线及气门线均黑褐色，不明显。

卵：扁圆形，花冠分 3 层，第 1 层菊花瓣形，第 2 层玫瑰花瓣形，第 3 层放射状菱形。

蛹：黄褐至暗褐色，腹末稍延长，有 1 对较短的黑褐色粗刺。

【生活习性】

小地老虎具有远距离迁飞习性，一般以幼虫和蛹在土中越冬，在 1 月均温高于 8℃ 的地区，冬季能继续生长、繁殖与为害。目前已经确认，小地老虎的越冬北界为北纬 33° 左右。小地老虎在西北、华北地区 1 年发生 2～3 代，在黄河以南至长江沿岸 1 年发生 4 代，长江以南 1 年发生 4～5 代，南亚热带地区 1 年发生 6～7 代。无论年发生代数多少，在生产上造成严重为害的均为第一代幼虫。南方越冬代成虫 2 月出现，全国大部分地区羽化盛期在 3 月下旬至 4 月上中旬。小地老虎羽化后需补充营养 3～5d，成虫昼伏夜出，黄昏后活动最盛，飞翔能力很强，具有趋光性、趋化性，可以用黑光灯和糖醋液等进行诱集。卵散产或数粒产生一起，多位于株高 3cm 以下的幼苗叶背和嫩茎上，也有一部分产在土面上。每头雌蛾一般产卵 1 000 粒左右，多的可超过 2 000 粒。成虫寿命为雌蛾 20～25d，雄蛾 10～15d。小地老虎幼虫 6 龄，少数个体可达 7～8 龄。3 龄前昼夜为害，啃食叶片，造成小孔洞和缺刻。3 龄后白天潜伏在植株根部周围土壤里，夜间出来为害，从茎基部将植株咬断，造成缺苗。5～6 龄取食量最大。因春季气温较低，一代幼虫历时长达 30～40d，幼虫老熟后在土层 6～10cm 深处筑土室化蛹。

【发生规律】

由于小地老虎在北纬 33° 以北不能越冬，北方一代小地老虎幼虫的发生程度均取决于南方迁入的成虫数量。小地老虎是一种喜温暖的害虫，发育适宜温度为 15～25℃，超过 28℃，成虫不能产卵且寿命缩短，若继续升温，会引起大量死亡。小地老虎喜潮湿，在降水量小于 250mm 的地区，小地老虎种群数量极低，在降水充沛的地方，发生较多。在沿河、沿湖、水库边、灌溉地、地势低洼及地下水位高、耕作粗放、杂草丛生的地块虫口密度大。但积水过多，幼虫经长时间淹水后易死亡。

【防治方法】

（1）预测预报。由于小地老虎具有远距离迁飞性习性，因此，必须做好小地老虎成虫监测，准确判断其发生趋势，才能为预防控制提供决策信息。监测工具有黑光灯、高空探照灯或性诱捕器，4月15日至5月20日，平均每天诱蛾超过5~10头，表示进入发蛾盛期。20~25d后为2~3龄幼虫发生盛期。田间如果幼虫密度达0.5~1头/m² 时，应采取防控措施。

（2）农业防治。一要除灭杂草，消灭产卵场所和幼虫食源。二是实行水旱轮作。三是田间管理，合理密植，增强植株抵抗能力。

（3）理化诱控。一是组织人工捕捉。当田间萎蔫苗率达1%时，寻找刚出现的萎蔫苗、枯心苗，在萎蔫苗周围泥土中挖出幼虫处死。二是利用杀虫灯进行诱杀，每30~40亩安装1盏频振式杀虫灯，但须连片使用才能取得理想效果。三是利用蓖麻叶或泡桐叶诱杀幼虫，每亩使用70~90片叶子。

（4）化学防控。①推广种子包衣。②毒饵诱杀。用90%敌百虫300g加水2.5kg，溶解后喷在50kg切碎的新鲜杂草上（地老虎喜食的灰菜、刺儿菜、苦荬菜、小旋花、苜蓿、艾蒿、青蒿、白茅、鹅儿草等杂草），或棉籽饼、豆饼、麦麸上，傍晚撒在大田诱杀，亩用毒饵5kg。③3龄之前可进行喷雾防控，3龄以后灌根防控，药剂可选用毒死蜱、辛硫磷、溴氰菊酯、氰戊菊酯等。

三、黄地老虎 *Agrotis segeum*（Denis & Schiffermüller）

【分布与为害】

在国内除广东、海南、广西未见报道以外，其余各省均有分布。黄地老虎为多食性害虫，主要寄主有大麦、小麦、玉米、豌豆、甜菜、马铃薯、油菜、萝卜、大白菜、芝麻等多种农作物及牧草、草坪草、野燕麦等草坪或杂草。

1~2龄幼虫在植物幼苗顶心嫩叶处昼夜为害，3龄以后从接近地面的茎部蛀孔食害，造成枯心苗。3龄以后幼虫开始扩散，白天潜伏在被害作物或杂草根部附近的土层中，夜晚出来为害。

【形态特征】

成虫：体14~19mm，翅展32~43mm，灰褐至黄褐色。额部具钝锥形突起，中央有1个凹陷。前翅黄褐色，全面散布小褐点，各横线为双条曲线但多不明显，肾纹、环纹和楔形纹明显，围有黑褐色细边，其余部分为黄褐色，无剑状纹；后翅灰白色，半透明。

卵：扁圆形，底平，高 0.44~0.49mm，宽 0.69~0.73mm，具 40 多条波状弯曲纵脊，其中约有 15 条达到精孔区，横脊 15 条以下，组成五边形或六边形网状花纹。初产卵乳白色，以后会逐渐呈现淡红色波纹至黄白色。

幼虫：老熟幼虫体长 33~43mm，头宽 2.8~3.0mm，头部黄褐色，体淡黄褐色，体表颗粒不明显，体多皱纹而淡，臀板上有 2 块黄褐色大斑，中央断开，小黑点较多，腹部各节背面具毛片，后 2 个比前 2 个稍大。

蛹：长 16~19mm，红褐色。第五至第七腹节背面有很密的小刻点 9~10 排，腹末生粗刺 1 对。

【生活习性】

黄地老虎在黑龙江、辽宁、内蒙古河套地区、河北坝上和新疆北部 1 年发生 2 代，甘肃河西、新疆南部、陕西、河北中南部、北京 1 年发生 3 代。一般以老熟幼虫（个别以蛹）在 2~15cm 深的土层中越冬，以 7~10cm 处最多，越冬场所为麦田、绿肥、草地、菜地、休闲地、田埂以及沟渠堤坡附近。一般田埂中越冬幼虫密度大于田中，阳面田埂大于阴面。3—4 月，气温回升以后，越冬幼虫开始活动，老熟幼虫陆续移动到土表 3cm 左右深处做土室化蛹，4~5 龄幼虫再次取食麦苗或杂草，至老熟后再潜入土中化蛹。蛹直立于土室中，头部向上，蛹期 20~30d。成虫昼伏夜出，白天躲藏于叶片下面，或在土块及其覆盖物之下，被惊动时，通常伴装死亡，极少飞走。成虫趋光性、趋糖醋液习性很强。产卵前，需取食花蜜补充营养。黄地老虎喜欢在低矮植物或杂草近地面的叶片产卵，作物幼苗上卵量很少。另外，成虫喜欢选择带毛的植物叶片产卵，例如苘麻等。黄地老虎在苘麻上产卵以后，孵化后不取食直接转移到附近的玉米、杂草或其他寄主。卵散产或堆产。幼虫共 6 龄。初孵幼虫有取食卵壳的习性，然后爬往他处寻找食物。前 3 龄可聚集昼夜为害，3 龄以后开始分散，白天潜伏，晚上为害。4 龄后食量大增，常将幼苗嫩茎咬断，拖入穴中继续取食。

【发生规律】

黄地老虎严重为害多在比较干旱的地区或季节，如西北、华北等地，但十分干旱地区发生也很少，一般在上年幼虫休眠前和春季化蛹期雨量适宜才有可能大量发生。高温对黄地老虎繁殖不利，28℃仅 20% 的成虫交配产卵，32℃下则不产卵。另外，黄地老虎喜欢在湿度正常、柔软、颗粒状的土壤中产卵。疏松土壤有利于幼虫活动。黄地老虎大田发生严重程度与播期关系密切。在新疆，玉米、棉花、甜菜、高粱等春播作物其播期正值越冬代发蛾从无到有、从少到多的阶段，因此，播期早发生轻。秋茬作物播种正值越冬幼虫逐渐减少阶段，早播发生重，晚播发生轻。另外，田间天敌对黄地老虎发生也有一定的控制作用，常见天敌种类有赤眼蜂、黑卵蜂、绒茧蜂等。

【防治方法】

参考小地老虎。

四、蛴螬

【分布与为害】

蛴螬是金龟甲类幼虫的统称，栖居土中，啃食萌发的种子，咬断幼苗的根、茎，断口整齐平截，可造成地上部萎蔫，田间缺苗断垄或毁种。也有些种类成虫取食花丝、雄穗、雌穗、叶片等。害虫造成的伤口有利于病原菌侵入，诱发病害。

华北大黑鳃金龟 *Holotrichia oblita*（Faldermann）主要分布于河北、河南、山东、山西、内蒙古、陕西和甘肃等地，是黄淮海麦区的优势种；暗黑鳃金龟 *Holotrichia parallela* Motschulsky、铜绿异丽金龟 *Anomala corpulenta* Motschulsky、黑绒鳃金龟 *Maladera orientalis* Motschulsky 分布在我国除西藏、新疆以外的大多数地区。上述几种金龟子寄主都较多，包括多种果树、蔬菜和粮食作物。

【形态特征】

蛴螬体肥大，体弯曲呈"C"形，多为白色，少数为黄白色。头部褐色，上颚显著，腹部肿胀。体壁较柔软多皱，体表疏生细毛。头大而圆，多为黄褐色，生有左右对称的刚毛，刚毛数量多少常为分种的特征。如华北大黑鳃金龟的幼虫为3对，黄褐丽金龟幼虫为5对。蛴螬具胸足3对，一般后足较长。腹部10节，第十节称为臀节，臀节上生有刺毛，其数目的多少和排列方式也是分种的重要特征。

【生活习性】

蛴螬是杂食性害虫，生活史较长，除成虫有部分时间出土外，其他虫态均在地下生活。

【发生规律】

金龟甲一般1~2年完成1代，以幼虫或成虫越冬。蛴螬有假死和趋光性，并对未腐熟的粪肥有趋性。白天藏在土中，20:00—21:00时进行取食等活动。当10cm地温达5℃时开始上升土表，13~18℃时活动最盛，23℃以上则往深土层下潜，至秋季土温下降到其活动适宜范围时，再向土壤上层移动。因此蛴螬对果园苗圃、幼苗及其他作物的为害时期主要是春秋两季。土壤潮湿活动加强，尤其是连续阴雨天气，春、秋季在表土层活动，夏季多在清晨和夜间到表土层。大黑鳃金龟在华南地区 1 年发生 1 代，在其他地方一般 2 年发生 1 代，部分个体 1 年可以完成 1 代。在黑龙江部分个体 3 年才能完成 1 代。暗黑鳃金龟在河北、河南、山东、江苏、安徽等地 1 年发生 1 代。铜绿异丽金龟 1 年发生 1 代。黑绒鳃金龟 1 年发生 1 代。以成虫或幼虫在土中越冬，越冬深度因地而异。成虫都具有趋光性、趋化性、趋粪性。

【防治方法】

（1）农业防治。发生严重的地区，秋冬进行土地深翻，暴露至地表使其风干、冻死或被天敌捕食。农田禁止使用未腐熟有机肥料，以防止招引成虫产卵。

（2）物理方法。有条件的地区，可设置黑光灯诱杀成虫，减少田间卵量。

（3）药剂防治。①利用具有杀虫成分的种衣剂处理种子。②利用辛硫磷颗粒剂进行土壤处理。③利用有效成分为辛硫磷等的毒饵进行诱杀。

五、金针虫

【分布与为害】

沟金针虫 *Pleonomus canaliculatus*（Faldermann）是亚洲大陆特有的种类，国内分布南起长江流域，北至辽宁和内蒙古，西达甘肃、青海，主要发生在旱地平原地区，适生于有机质较缺乏而土质较疏松的粉砂壤土和粉砂黏壤土地带，是我国中部和北部旱作地区的重要地下害虫；细胸金针虫 *Agriotes fuscicollis* Miwa 较耐低温，分布偏北，南起淮河流域，北至黑龙江沿岸，以及西北甘肃等省区都有为害，主要发生在水浇地和沿河低洼地，如内蒙古东半部的辽河、清河沿岸，西部河套地区，宁夏银川平原，山东黄河沿岸，以及黑龙江流域的黑土地带或黏性土壤等地区；褐纹金针虫 *Melanotus caudex* Lewis 主要分布于冀、豫、晋、陕、鄂、桂、甘等省区，在华北地区常与细胸金针虫混合发生，以水浇地、有机质丰富的地块发生较多。金针虫可以为害小麦、大麦、谷子、玉米、高粱、甘蔗、棉花、马铃薯、白菜、甜瓜、芝麻、豆类等。

成虫在地上取食嫩叶，幼虫为害幼芽和种子或咬断刚出土的幼苗，有的钻蛀茎或种子，蛀成孔洞，呈丝窝状，致受害株干枯死亡，造成缺苗断垄。

【形态特征】

沟金针虫：老熟幼虫体长 25~30mm，最宽处约 4mm，体形扁平，全体金黄色，被金色毛，表皮坚硬，口器和头部黑褐色，头部扁宽。全身各节背面中央有 1 条细纵沟。尾部黄褐色背面略为凹进，密布刻点，两侧隆起，侧缘各有 3 个锯齿状突起，尾端分叉。

细胸金针虫：老熟幼虫体长约 32mm，宽约 1.5mm。头扁平，口器深褐色。第 1 胸节较第 2、第 3 节稍短，1~8 腹节略等长，尾圆锥形，近基部两侧各有 2 个褐色圆形斑和 4 条褐色纵纹，顶端有 1 个圆形突起。

褐纹金针虫：老熟幼虫体长 30mm，宽约 1.7mm，长圆筒形，茶褐色，有光泽。第 2 胸节至第 8 腹节各节前缘两侧，有深褐色新月形斑纹，尾节颜色较深，扁平，近末端有 3 个小突起。

【生活习性】

金针虫的生活史很长，因不同种类而不同，常需 3~5 年才能完成 1 代，各代以幼虫或成虫在地下越冬，越冬深度在 20~85cm。沟金针虫约需 3 年完成 1 代，在华北地区，越冬成虫于 3 月上旬开始活动，4 月上旬为活动盛期。成虫白天躲在田中或田边杂草中和土块下，夜晚活动，雌成虫不能飞翔，行动迟缓有假死性，没有趋光性，雄成虫飞翔能力较强。卵产于土中 3~7cm 深处，卵孵化后，幼虫直接为害作物。土壤温湿度对沟金针虫影响较大，10cm 处土温达 6℃ 时，幼虫和成虫就开始取食为害；夏季温度升高时，则幼虫又可向土壤深处下潜。沟金针虫适生于旱地，但对土壤水分有一定的要求，其适宜的土壤含水量为 15%~18%；在干旱平原，如春季雨水较多，土壤墒情较好，为害加重。

细胸金针虫多 2 年完成 1 代，也有 1 年或 3~4 年完成 1 代的，以成虫和幼虫在土中 20~40cm 处越冬，翌年 3 月上中旬开始出土为害，4—5 月为害最盛，成虫昼伏夜出，有假死性，对腐烂植物的气味有趋性，常群集在腐烂发酵气味较浓的烂草堆和土块下。幼虫耐低温，早春上升为害早，秋季下降迟，喜钻蛀和转株为害。土壤温湿度对其影响较大，幼虫耐低温而不耐高温，地温超过 17℃ 时，幼虫则向深层移动。细胸金针虫不耐干燥，要求较高的土壤湿度，为 20%~25%，适于偏碱性潮湿土壤，在春雨多的年份发生重。

【发生规律】

耕作栽培制度对金针虫发生程度也有一定的影响，一般精耕细作地区发生较轻。耕作对金针虫既可产生直接机械损伤，也能将土中的蛹、休眠幼虫或成虫翻至土表，使其暴露在不良气候条件下或遭到天敌的捕杀。在一些间作、套种面积较大的地区，由于犁耕次数较少，金针虫为害往往较重。

【防治方法】

（1）用40%毒死蜱100倍液或配合种衣剂进行拌种（种衣剂中含克百威或丁硫克百威）。

（2）耕翻土壤，减少土壤中幼虫存活数量。发生严重时，可浇水迫使害虫垂直移动到土壤深层，减轻为害。

（3）苗期可用40%的毒死蜱1 500倍液或40%的辛硫磷500倍液与适量炒熟的麦麸或豆饼混合制成毒饵，于傍晚顺垄撒入玉米基部，利用地下害虫昼伏夜出的习性，即可将其杀死。

第三节　鞘翅目主要害虫

一、双斑长跗萤叶甲 *Monolepta hieroglyphica* （Motschulsky）

【分布与为害】

我国黑龙江、辽宁、内蒙古、宁夏、甘肃、新疆、河北、山西、陕西、江苏、浙江、湖北、江西、福建、台湾、广东、广西、四川、云南和贵州等省（区）均有分布。双斑长跗萤叶甲为多食性害虫，寄主有玉米、高粱、谷子、豆类、马铃薯、苜蓿、茼蒿、胡萝卜、白麻及向日葵等多种作物。

双斑长跗萤叶甲以成虫为害为主，可取食玉米叶片、雄穗和雌穗。取食叶肉时，仅留表皮，受害玉米叶片出现成片透明白斑，严重影响光合作用；取食花丝、雄穗和雌穗，影响玉米授粉结实。

【形态特征】

成虫：体长3.6~4.8mm，宽2~2.5mm，长卵形，棕黄色有光泽。头、前胸背板色较深，有时呈橙红色。复眼较大，卵圆形，明显突出。触角11节，长度约为体长的2/3。前胸背板横宽，长宽之比约为2∶3，密布细刻点，小盾片三角形，一般黑色。鞘翅淡黄色，布满线状细刻点，侧缘稍膨出，端部合成圆形，腹端外露。每个鞘翅各有1个近圆形的淡色斑，周缘为黑色，淡色斑的后外侧常不完全封闭，后面的黑色带纹向后突伸成角状，有些个体黑色带纹模糊不清或完全消失。腹面中、后胸黑色，后足胫节端部具有1根长刺，后跗第一节很长，超过其余3节之和。

卵：椭圆形，长约 0.6mm，宽 0.4mm，初棕黄色，表面具网状纹。

幼虫：老熟幼虫体长 5~6mm，白色至黄白色，体表具瘤和刚毛，前胸背板颜色较深。

蛹：裸蛹，长 2.8~3.5mm，宽 2mm，白色，表面具有刚毛。

【生活习性】

我国北方一年发生 1 代，以卵在土中越冬。卵期很长，5 月开始孵化，自然条件下，孵化率很不整齐。幼虫在土中生活，一般靠近根部距土表 3~8cm，以杂草根为食，尤喜食禾本科植物根。整个幼虫期约 30d，老熟幼虫做土茧室化蛹。蛹室土质疏松，蛹一经触动即猛烈旋动。蛹期 7~10d。成虫 7 月初开始出现，可一直延续至 10 月。8 月上中旬玉米雌穗吐丝期为成虫盛发期。初羽化的成虫，先在田边、沟渠两侧的杂草上取食，然后转移至大田为害玉米、高粱、谷子，为害时顺叶脉取食叶肉，并逐渐转移到嫩穗上，取食玉米花丝，高粱及谷子花药，以及初灌浆的嫩粒。玉米等作物收获后，成虫转移到蔬菜上为害，尤其喜食十字花科蔬菜。成虫有群聚为害习性，往往在一单株作物上自下而上取食，而邻近植株受害轻或不受害。成虫飞翔力弱，一般只能 2~5m 短距离飞行。有弱趋光性。当早晚气温低于 8℃，或在大风、阴雨和烈日等不利条件下，则隐藏在植物根部或枯叶下。9：00—17：00 气温高于 15℃以上时，成虫活动为害。成虫比较活跃，受到惊扰后，会立即进行躲藏。成虫羽化约 20d 后交配，交配时间一般为 30~50min。雌虫产卵时，腹端部向土里伸，在土壤缝隙中产卵，一次可产卵 30 余粒，一生可产卵 200 多粒，卵散产或几粒粘在一起。幼虫共 3 龄，一般生活在未经翻耕、杂草丛生的地块表土层中，大田中很少发现。虽然一些野生植物对于双斑长跗萤叶甲的幼虫有一定的指示作用，但是，在野外或室内饲养，仅见到禾本科、豆科植物及苍耳的根部有明显被幼虫啃食的痕迹。

【发生规律】

双斑长跗萤叶甲的发生与气候密切相关，高温干燥对其发生有利，降水量少则发生重，降水量多则发生轻。土壤类型也会影响双斑长跗萤叶甲的发生，一般黏土地发生早、为害重，壤土地、沙土地发生轻。荒草地是滋生双斑长跗萤叶甲的重要场所，玉米田周围、杂草茂盛的地块比杂草较少的地块，单株虫量可高出 35%~60%。

【防治方法】

（1）农业防治。清除杂草，减少春季过渡寄主，降低双斑萤叶甲种群数量，减轻为害。

（2）物理防治。在田边早春寄主上采用人工扫网捕杀。

（3）化学防治。田间发生量大时，在清晨成虫飞翔能力弱的时间段，选用啶虫脒、高效氯氰菊酯、氰戊菊酯、噻虫嗪等进行喷雾防治。

二、褐足角胸肖叶甲 *Basilepta fulvipes*（Motschulsky）

【分布与为害】

褐足角胸肖叶甲分布范围较广，在我国黑龙江、辽宁、宁夏、内蒙古、河北、北京、山东、山西、陕西、江苏、浙江、湖北、湖南、江西、福建、广东、广西、台湾、四川、云南、贵州等21个省（直辖市、自治区）均有分布，在国外，还分布于朝鲜和日本。褐足角胸肖叶甲可取食多种植物，寄主包括禾本科（谷子、玉米、高粱等）、蔷薇科（樱桃、梅、李、苹果等）、胡桃科（风杨等）、菊科（旋覆花、蓟、菊花、向日葵等）、豆科（大豆、甘草、花生等）、大麻科（大麻等）、菊科（野艾蒿、茵陈蒿等）等多种作物或杂草。

褐足角胸肖叶甲主要以成虫造成为害，取食玉米时，常常3~10头成虫聚集在1株心叶内或某1片已经被取食的叶片。成虫喜在正面啃食叶肉，取食后空余下表皮，造成许多网孔状斑，严重时，被啃食小孔相连，致使叶片被横向切断或呈破碎状。幼虫取食寄主根部，在某些仅种植春玉米的地区，根系被取食可严重受损，植株明显矮化，呈营养不良状。

【形态特征】

成虫：体卵形或近于方形，长3~5.5mm，宽2~3.2mm。头部刻点密而深刻，头顶后方具纵皱纹。触角丝状，雌虫的达体长之半，雄虫的达体长的2/3。前胸背板略呈六角形，前缘较平直，后缘弧形，两侧在基部之前中部之后突出成较锐或较钝的尖角，盘区密布深刻点。鞘翅基部隆起，盘区刻点一般排列成规则的纵行。体色变异较大，大致可分为标准型、铜绿鞘型、蓝绿型、黑红胸型、红棕型和黑足型6种，色型与地理分布之间并无直接关系。

卵：聚产，黄色，长椭圆形，长0.55~0.60mm，直径0.24~0.25mm，初产略透明且光滑。

幼虫：初孵幼虫淡黄色，略透明，体长0.8~1.0mm。老熟幼虫体长5~6mm，乳白色，头黄褐色，口器黑色。前胸盾板黄色，生有少量刚毛；中后胸两侧淡黄色，背中线色浅，各体节背面无毛斑，但有刺毛。气孔色浅，胸足淡黄色。

蛹：裸蛹，长 3.9~5mm，宽约 3mm。头部淡黄色，复眼棕红色，其余乳白色。

【生活习性】

受有效积温限制，各地褐足角胸肖叶甲的发生世代数量并不相同。广西南宁 1 年发生 5 代，以成虫群集于隐蔽处越冬，也有研究发现各龄幼虫在蕉园杂草下 5~20cm 土层中均可越冬。广东 1 年发生 6 代，以老熟幼虫在土中越冬。云南河口 1 年发生 3 代，以幼虫在土室内越冬。北京、河北等北方地区 1 年发生 1 代，以幼虫在土中越冬。多代发生区，存在世代重叠。褐足角胸肖叶甲幼虫在土中取食寄主根部，在土中化蛹羽化，成虫出土后爬到或飞至附近寄主植物。成虫白天、晚上均能活动取食，尤以晚上活动取食较多，但在清晨露水未干时很少活动。成虫无趋光性，喜欢在阴暗、隐蔽的地方活动。成虫具有假死性，1min 左右即可恢复正常。受干扰时，成虫除假死坠落之外，还可短距离飞行。成虫可耐饥饿 1~2d，在南方成虫寿命约为 10d，北京及周边地区约 20d。成虫出土 2~3d 后开始交配，交配 2~3d 后在寄主叶背或根部疏松土壤中产卵块，每块有卵 6~30 粒，有的可多达 60 粒。温度超过 34℃时成虫不能产卵，低于 14℃时，卵不能孵化。卵孵化后，钻入土壤中取食寄主嫩根直至化蛹。

【发生规律】

在京津冀地区 1 年仅见 1 代成虫，成虫在 7 月初出土为害，成虫高峰期与夏玉米喇叭口期吻合时，叶部受害较为明显。若成虫仅在喇叭口期之前取食，造成的损失不明显，但某些年份，受低温天气影响，成虫发生期会延长，导致玉米功能叶片受损严重，将造成产量损失。在小麦玉米轮作区，由于食物较多，幼虫很少为害玉米根，但在春玉米区，由于食物少，有时根部受害比较明显，地上部分表现为植株矮小，呈营养不良状。

【防控技术】

在京津冀小麦夏玉米轮作区，以防治成虫为主，在单一春玉米区，重点防治幼虫，必要时也要兼治成虫。

（1）农业防治。根据其越冬习性，冬春季应可翻耕土壤，破坏其栖息场所，减少下一年虫源。

（2）生物防治。鸟、蚂蚁、步甲和肥螋等对褐足角胸肖叶甲发生量有一定的控制作用，应加强对这些天敌的保护与利用。此外，还可选择绿僵菌开展生物防治。

（3）化学防治。应用化学药剂防治褐足角胸肖叶甲成虫，需密切结合其发生为害特点。最佳施药时期是成虫高峰期，最佳施药时间是成虫在心叶中集中躲避的时间段内。考虑到成虫具有转移为害的特点，所选药剂要尽可能具有内吸性。可选药剂有高效氯氰菊酯、虫螨腈、高效氯氟氰菊酯、辛硫磷等。

第四节　直翅目害虫

一、蝼蛄

【分布与为害】

我国蝼蛄种类主要有单刺蝼蛄 *Gryllotalpa unispina* Saussure 和东方蝼蛄 *Gryllotalpa orientalis* Burmeister。单刺蝼蛄是我国北方害虫的重要种类，国内主要分布于北纬32°以北，如江苏（苏北）、河南、河北、山东、山西、陕西、内蒙古、新疆、辽宁和吉林的西部，尤以华北、西北地区干旱贫瘠的山坡地和塬区为害严重。东方蝼蛄是我国分布最为普遍的蝼蛄种类，属全国性害虫，各省（区）均有分布。蝼蛄可取食为害多种植物的根、嫩茎和苗。

蝼蛄昼伏夜出，是一种杂食害虫，可为害各种作物幼苗。在土中咬食萌动的种子，或咬断幼苗的根茎。蝼蛄咬断处往往呈丝麻状，使幼苗萎蔫而死，造成缺苗断垄。有蝼蛄活动时，常可在地面见到穿行的隧道，使幼苗和土壤分离，失水干枯而死。温暖湿润，多腐殖质、低洼盐碱地、施未腐熟粪肥的地块蝼蛄为害重。

【形态特征】

蝼蛄属不完全变态，其若虫和成虫相似。体长圆形，淡黄褐色或暗褐色，全身密被短小软毛。雌虫体长约3cm，雄虫略小。头圆锥形，前尖后钝，头的大部分被前胸板盖住。触角丝状，长度可达前胸的后缘，第一节膨大，第二节以下较细。复眼一对，卵形，黄褐色；复眼内侧的后方有较明显的单眼3个。口器发达，咀嚼式。前胸背板坚硬膨大，呈卵形，背中央有1条下陷的纵沟，长约5mm。翅2对，前翅革质，较短，黄褐色，仅达腹部中央，略呈三角形；后翅大，膜质透明，淡黄色，翅脉网状，静止时蜷缩折叠如尾状。足3对，前足特别发达，基节大，圆形，腿节强大而略扁，胫节扁阔而坚硬，尖端有锐利的扁齿4枚，上面2个齿较大，且可活动，因而形成开掘足，适于挖掘洞穴隧道之用。后足腿节大，胫节背面有数个能活动的刺，腹部纺锤形，背面棕褐色，腹面色较淡，呈黄褐色，末端2节的背面两侧有弯向内方的刚毛，最末节上生尾毛2根，伸出体外。卵椭圆形，长2~2.8mm，初产时乳白色，后变黄褐色，孵化前为黑色。

【生活习性】

一般于夜间活动，气温适宜时，白天也可活动。成虫有趋光性。夏秋两季，当气温在18~22℃，风速小于1.5m/s时，夜晚可用灯光诱到大量蝼蛄。蝼蛄能倒退疾走，在穴内尤其如此。成虫和若虫均善游泳，雌虫有护卵哺幼习性。若虫至4龄方可独立活动。蝼蛄的发生与环境有密切关系，常栖息于平原、轻盐碱地以及沿河、临海、近湖等低湿地带，特别是砂壤土和多腐殖质的地区。

【发生规律】

土壤相对湿度为22%~27%时，华北蝼蛄为害最重。土壤干旱时活动少，为害轻。温暖湿润、多腐殖质、低洼盐碱地、施未腐熟粪肥的地块蝼蛄为害重。

【防治方法】

（1）毒饵诱杀。5kg麦麸炒香后加敌百虫热溶液10倍液拌匀，每亩施5~8kg。或用50%辛硫磷30~50倍液加炒香的麦麸、米糠或磨碎的豆饼、棉籽饼5kg，每亩用毒饵1.5~3kg，傍晚时撒于田间。

（2）马粪诱杀。在田中均匀挖坑，使坑在田间交错排列。坑长30~40cm，宽20cm，深6cm。将适量马粪放入坑内，与湿土拌匀摊平后，在上面撒一把毒饵，每亩用毒饵约0.25kg。

（3）灯光诱捕。可使用黑光灯或其他光源进行诱捕后消灭。

二、蟋蟀

【分布与为害】

蟋蟀在我国大部分地区均有分布，主要寄主有玉米、花生、芝麻、瓜类、高粱、甘薯等。

蟋蟀为杂食性，啃食玉米幼苗。6月中下旬至7月上旬的夏玉米苗期是蟋蟀大龄若虫发生盛期，9—10月是蟋蟀成虫的发生盛期，这两个时期是蟋蟀的主要为害期。

【形态特征】

1. 大蟋蟀 *Tarbinskiellus portentosus*（Lichtenstein）

成虫：体长35~45mm，宽12~14mm，体暗褐色，头大、复眼黑色，触角丝状，长 40~50mm。胸背比头宽，横列两个圆锥形黄斑，后足腿节肥大，胫节具 2 列刺状突起，每列 4~5 枚，刺端黑色。雌虫产卵管短于尾须。

卵：近圆筒形，淡黄色，稍弯曲。

若虫：体色较浅，外形与成虫相似，共 7 龄，自 2 龄开始有翅芽，翅芽随虫龄增长逐渐增大。

2. 北京油葫芦 *Teleogryllus emma*（Ohmachi & Matsuura）

成虫：雄体长 22~24mm，雌体长 23~25mm，体黑褐色大型，头顶黑色，复眼四周、面部橙黄色，头背两复眼内的橙黄纹"八"字形。前胸背板黑褐色，1 对羊角形深褐色斑纹隐约可见，侧片背半部深色，前下角橙黄色。中胸腹板后缘中央具小切口。雄体前翅黑褐色具油光，长达尾端，发音镜近长方形，前缘脉近直线略弯，镜内弧形横脉把镜室一分为二，端网区有数条纵脉与小横脉相间成小室。后翅发达盖满腹端。后足胫节背方具 5~6 对长刺，6 个端距，基节长于端节和中节，基节末端有长距 1 对，内距长。雌前翅长达腹端，后翅发达，伸出腹端如长尾。产卵管长于后足股节。

卵：椭圆形，青灰色，半透明，长度约 2.5mm，直径约 0.5mm，两头稍尖呈腰鼓状。

若虫：外形与成虫相似，共 7 龄。

3. 银川油葫芦 *Teleogryllus infernalis*（Saussure）

成虫：雌体大于雄体，体褐色至黑褐色。头黑色，口器褐色或黑褐色，触角窝上方具 1 对黄色眉状斑。前胸背板全部黑色，侧叶前下角色浅。足黑褐色至黑色，后足腿节长 8~15.2mm，后肠节背面有亚端距 5 对。雄虫前翅长 9.8~15.5mm，褐色至黑褐色，具 4 条斜脉，发音镜长方形斜向，内生弧形脉把镜分成两室，端区不发达，小室欠规则，侧区有 9~10 条纵脉。后翅尾状。雌虫前翅背区具 8~9 条纵脉，产卵管长 14~22.5mm，近体长。

卵：乳白色，长圆形，长 3.5mm。

若虫：共 6 龄，初孵化时乳白色，后渐变黑褐色，3 龄后后胸背片后缘变为白色，6 龄时深褐色。前胸背板具明显月牙纹。

【发生规律】

蟋蟀一般 1 年发生 1 代，以卵在土壤中越冬。卵多产于有杂草覆盖松散的土壤中，散产但范围集中，产卵深度 5~10cm。若虫共 6 龄，4 月下旬至 6 月上旬若虫孵化出土，7—8 月为大龄若虫发生盛期。8 月初成虫开始出现，9 月为发生盛期。10 月中旬成虫开始死亡，个别成虫可存活到 11 月上中旬。蟋蟀白天隐藏在腐烂的麦根、乱草下面，很少取食，午夜至凌晨 2 点为取食高峰期。气象条件是影响蟋蟀发生的重要因素。一般4—5月雨水多，土壤湿度大，有利于若虫的孵化出土。5—8月降大雨或暴雨，不利于若虫的生存。

【防治方法】

推荐防治指标为8头/m²，防治适期为8月上中旬，目前，多数玉米田未达防治指标。

（1）农业防治。清除田边附近杂草，深翻土地，减少虫卵数量。

（2）物理防治。灯光诱杀成虫。

（3）药剂防治。推荐毒饵诱杀，每亩用50%辛硫磷乳油25~40mL适当加水，拌炒香的麦麸、豆饼或棉籽饼30~40kg，然后撒施于田间。

三、飞蝗

【分布与为害】

东亚飞蝗 *Locusta migratoria manilensis*（Meyen）分布于华北、华中、华南的大部分地区，亚洲飞蝗 *Locusta migratoria migratoria*（Linnaeus）分布于西北、东北和华北北部，西藏飞蝗 *Locusta migratoria tibetensis* Chen 分布于青藏高原和横断山脉。飞蝗属于多食性昆虫，自然情况下，东亚飞蝗的食料主要为禾本科作物，亚洲飞蝗的食料主要是禾本科和莎草科作物，西藏飞蝗的食料也主要为禾本科作物。

飞蝗具有典型的咀嚼式口器，轻发生可造成缺刻，大发生时可吃光所有地上部分。

【形态特征】

1. 东亚飞蝗

成虫：雌虫体长39.5~51.2mm，雄虫体长33.5~41.5mm，头顶圆，颜面平直，复眼小，卵形；触角细长，呈丝状，26节。分为散居型和群居型，散居型个体较大。散居型：个体绿色或黄褐色，前胸背板高于头顶，向上突出呈屋脊状，头部、胸部褐色，后足股节常带绿色。群居型：个体黑褐色，前胸背板低于头顶，较短，前缘稍突出，后缘圆，前半部中央隆起较低，后半部平，中部两侧向内显著凹入呈马鞍形，沿中隆线两侧有黑色条纹。前翅较长，超过腹部较多，有黑色小斑点，后翅膜状而透明，呈淡黄色。

卵：卵包被于卵囊中，卵囊通常近圆柱形，略呈弧形弯曲，两端一般均呈钝圆形。卵囊内一般有卵60~90粒。卵粒黄色或黄褐色，卵壳较薄，表面有瘤状突起。

若虫：统称蝗蝻，共 5 个龄期，也分为散居型和群居型，形态特征与行为特点有明显差异。

2. 亚洲飞蝗

成虫：分为散居型、群居型和中间型。散居型：一般为绿色或黄绿色、灰褐色。头部狭窄，复眼小。前胸背板稍长，前胸背板背面无丝绒状黑色纵纹，沟前区无明显缩狭，沟后区略高，不呈马鞍状。前胸背板前缘为锐角形向前突出，后缘呈直角形。前翅短，略超过腹部末端。后足股节较长，胫节淡白色。群居型：体黑褐色，头部较宽，复眼较大。前胸背板略短，前胸背板背面有 2 条丝绒状黑色纵纹，沟前区明显缩狭，沟后区较宽平，呈马鞍状。前胸背板前缘为近圆形，后缘呈钝圆形。中间型：也称转变型。体色变异较大，介于群居型和散居型之间，前胸背板无黑色丝绒状或有不明显的暗色条纹。

卵：卵包被于卵囊中，卵囊呈长筒状，略弯曲。卵囊内一般有卵 55～115 粒，一般排成 4 行，个别情况也有 5 行。卵粒黄褐色，卵壳表面有小突起，其间有细线相连。

若虫：统称蝗蝻，共 5 个龄期，也分为群居型和散居型。

3. 西藏飞蝗

成虫：分为散居型和群居型。散居型：个体绿色或随环境而变异。头部较狭，复眼较小。前胸背板稍长，沟前区不明显缩狭，沟后区略高，不呈马鞍状。前胸背板前缘锐角向前突出，后缘呈直角形。群居型：体黑褐色。头部较宽，复眼较大。前胸背板略短，沟前区明显缩狭，沟后区较宽平，呈马鞍状。

卵：卵包被于卵囊中，卵囊为棕色胶质圆筒状。卵囊内一般有卵 40～107 粒。卵初产时浅黄色，后逐渐变为红棕褐色。

若虫：统称蝗蝻，共 5 个龄期，也分为散居型和群居型，散居型为草绿色，群居型为黑色或黑褐色。

【发生规律】

1. 东亚飞蝗

东亚飞蝗以卵囊在土壤中越冬，发生代数由北向南递增，北京以北地区 1 年发生 1 代，黄淮流域 1 年发生 2 代，长江中下游 1 年发生 2～3 代，华南 1 年发生 3 代，海南 1 年发生 4 代。东亚飞蝗喜欢栖息在地势低洼、易涝易旱或水位不稳定的海滩、湖滩、河滩、荒地或耕作粗放的农田中，这些地方滋生大量芦苇、盐蒿、稗草、荻草、莎草等蝗虫嗜食植物。在干旱年份，宜蝗荒滩、荒地面积增大，有利于蝗虫繁衍，容易酿成蝗灾。飞蝗密度小时为散居型，密度大了以后，个体间相互接触，可逐渐聚集成群居型。群居型飞蝗有远距离迁飞习性，迁飞多发生在羽化后 5~10d、性器官成熟之前。迁飞时可在空中持续 1~3d。散居型飞蝗个体，当每平方米多于 10 只时，有时也会出现迁飞现象。近年来，东亚飞蝗很少起飞成灾，最近的一次起飞是 2017 年 9 月。由于山东省峡山水库连续 4 年干旱，库底大面积裸露，杂草肆意生长，导致蝗虫滋生。蝗虫起飞后迁往水库周围的玉米地，最终有近千亩玉米受灾。

2. 亚洲飞蝗

亚洲飞蝗 1 年发生 1 代，以卵囊在土中越冬，发生时期随年份不同和地区等环境条件的变化而有较大的差异。亚洲飞蝗的适生地往往是水位变化较大的洼地或湖沼，滋生的芦苇可为飞蝗提供食物，裸露的滩涂可以为飞蝗提供产卵场所。

3. 西藏飞蝗

西藏飞蝗 1 年发生 1 代，生长发育随着水平和垂直分布空间不同有显著差异，种群动态取决于生境植被种类、植被覆盖率及生态与环境因素。

【防控方法】

（1）坚持"改制并举，综合防控"的总方针。在老蝗区要注重兴修水利，稳定湖河水位，大面积垦荒种植，减少蝗虫滋生地。蝗区周围可选择种植飞蝗不喜食的作物，如甘薯、马铃薯、麻类等。

（2）生物防治。草原区可采用保护招引粉红椋鸟或养鸡消灭蝗虫，其他区可使用微孢子虫灭蝗。

（3）药剂防治，要根据发生的面积和密度，采取飞机防治与地面机械防治相结合，全面扫残与重点挑治相结合，夏蝗重治与秋蝗扫残相结合。药剂可选用马拉硫磷、乐果等。

第五节 半翅目害虫

一、蚜虫

【分布与为害】

玉米蚜 *Rhopalosiphum maidis*（Fitch）属于世界性害虫，国外美国、

加拿大为害严重，国内广泛分布于东北、华北、华东、华中及西南等玉米产区。除取食玉米外，玉米蚜还可以为害高粱、谷子、水稻等。禾谷缢管蚜 *Rhopalosiphum padi* （Linnaeus）、荻草谷网蚜 *Sitobion miscanthi* （Takahashi）广泛分布于我国冬麦区，寄主主要是小麦和禾本科杂草，也可以为害玉米。棉蚜 *Aphis gossypii* Glover 分布于 60°N 至 40°S 的世界各地。我国除西藏未见报道以外，广泛分布于全国各地。棉蚜主要寄主为棉花和瓜类，近年来，在北京、河北等地发现棉蚜为害玉米。

玉米蚜以成蚜、若蚜刺吸植物汁液，苗期蚜虫群集于心叶，严重时自果穗以上所有叶片、叶鞘及果穗苞内外，遍布蚜虫，称"黑株"。在刺吸汁液同时，还分泌大量蜜露，使叶面形成一层黑霉，影响光合作用和籽粒灌浆；发生在雄穗上常影响授粉，造成产量损失，同时还传播玉米矮花叶病病毒和红叶病病毒，造成更大损失。荻草谷网蚜和禾谷缢管蚜主要发生在玉米苗期，大部分是由麦田迁飞或扩散而来。棉蚜发生在玉米中后期，主要在下部叶鞘或叶片上为害，一般不超过穗部。

【形态特征】

1. 玉米蚜

无翅孤雌蚜体长卵形，长 1.8~2.2mm，深绿色，被薄白粉，附肢黑色，复眼红褐色。触角 6 节，长度不足体长 1/3。腹部第 7 节毛片黑色，第 8 节具背中横带，体表有网纹。触角、喙、足、腹管、尾片黑色。喙粗短，不达中足基节，端节为基宽的 1.7 倍。腹管长圆筒形，端部收缩，腹管具覆瓦状纹。尾片圆锥状，具毛 4~5 根。

有翅孤雌蚜长卵形，体长 1.6~1.8mm，头、胸黑色发亮，腹部黄红色至深绿色。触角 6 节，比身体短。腹部第 3、4 节两侧各有 1 个黑色小点；腹管为圆筒形，端部呈瓶口状，上有覆瓦状纹；尾片圆锥形，中部微缢缩，两侧各有 2 根刚毛，足黑色。

2. 荻草谷网蚜

无翅孤雌蚜体长 3.1mm，宽 1.4mm，长卵形，体黄绿色至橙红色，穗期颜色变异较大，头部略显灰色，腹侧具灰绿色斑，触角、喙端部、跗节、腹管黑色，尾片色浅。额瘤显著外倾，触角细长，全长不及体长，喙粗大，超过中足基节。腹部第 6~8 节及腹面具横网纹。腹管长筒形，长约为体长的 1/4，在端部有十几行网纹。尾片圆锥形，长为腹管的 1/2。有翅孤雌蚜体长 3.0mm，卵圆形，黄绿色，触角黑色，喙不达中足基节，前翅中脉三叉，分叉大。

3. 禾谷缢管蚜

无翅孤雌蚜体长 1.9mm，宽卵形，暗绿色，体末端有 2 个红褐色斑，复眼黑色。触角 6 节，长超过体长之半，额瘤不明显。腹管短筒形，不超过腹末，中部稍粗壮，近端部呈瓶口状缢缩。有翅孤雌蚜体长 2.1mm，长卵形，头、胸黑色，腹部深绿色，前翅中脉三叉。

4. 棉蚜

无翅胎生雌蚜体长不到 2mm，身体有黄、青、深绿、暗绿等色。触角约为身体一半长。复眼暗红色。腹管黑青色，较短。尾片青色。有翅胎生蚜体长不到 2mm，体黄色、浅绿或深绿。触角比身体短。翅透明，中脉三叉。

【生活习性】

玉米蚜 1 年发生 8~20 代，玉米蚜以成蚜、若蚜在麦类及禾本科杂草心叶处越冬。翌年 3—4 月气温上升时开始活动，先在麦类心叶处繁殖为害，当麦类开始成熟时，便产生有翅蚜迁飞到玉米、高粱上繁殖为害。春玉米成熟时，玉米蚜会迁移至夏玉米田，形成第二个迁飞高峰。种植秋玉米的地区，还会形成第三个迁飞高峰。

荻草谷网蚜多分布于植株叶片正面，遇到降雨易被冲刷落地。

禾谷缢管蚜喜湿畏光，耐高温，不耐低温。在 25℃ 时，发育最快。在春玉米田，从苗期至抽雄吐丝期，禾谷缢管蚜均可造成为害。在夏玉米田，禾谷缢管蚜主要发生在中后期的雌穗及周边叶片上。

棉蚜主要集中在植株叶片为害，随着玉米生长，会向上转移，但对玉米产量总体影响不大。

【发生规律】

影响蚜虫发生的主要因素有气候、天敌动态、寄主抗性等。温度、湿度是影响玉米蚜虫发生的决定性因素。在适宜温湿度下，蚜虫种群数量增加很快。玉米抽雄期，如果旬均气温在 23~25℃，相对湿度 80%~85%，非常有利于玉米蚜的滋生繁殖。蚜虫的发生与玉米寄主生育期紧密相关，当玉米由营养生长转变为生殖生长时，玉米植株的抵抗力会下降，同时植株营养丰富，又为蚜虫繁殖提供了良好的条件。玉米品种对蚜虫的抗性存在明显差异，目前，含糖量比较高的主推品种如郑单 958 比较感蚜。另外，生态环境好、天敌资源丰富的地区天敌也可以抑制蚜虫的发生。

【防治方法】

（1）农业防治。要及时清除田间及周边杂草，减少玉米蚜虫滋生环境。同时，邻近麦田的地块，要做好麦田蚜虫的防控。

（2）生物防治。保护和释放天敌来控制蚜虫。另外也可以选择植物源农药防控玉米蚜虫。

（3）理化诱控。根据蚜虫的趋黄性和忌避灰白色的习性，可以悬挂相应的色板或膜带以驱避蚜虫。

（4）化学防控。播种时，可以使用含丁硫克百威或吡虫啉的种衣剂，防控蚜虫，兼治蓟马、飞虱等。大喇叭口期，可以选用辛硫磷颗粒剂进行防控。中后期蚜量较大时，可选用吡虫啉、噻虫嗪、高效氯氰菊酯等进行喷雾防控。

二、条赤须盲蝽 *Trigonotylus coelestialium*（Kirkaldy）

【分布与为害】

我国大部分地区均有分布，寄主为小麦、玉米、谷子、高粱、燕麦、黑麦、甜菜等农作物和多种禾本科杂草。

条赤须盲蝽以成虫、若虫在玉米叶片上刺吸汁液，进入穗期还为害玉米雄穗和花丝，被害部位初呈淡黄色小点，后呈白色雪花斑布满叶片。严重时整个田块植株叶片上像落了一层雪花，致叶片呈现失水状，且从顶端逐渐向内纵卷。

【形态特征】

成虫：雄成虫 5~5.5mm，雌成虫 5.5~6.0mm，全身绿色或黄绿色。头部略呈三角形，顶端向前突出，头顶中央有 1 条纵沟，前伸不达顶端。复眼黑色半球形，紧接前胸背板前角。触角细长，红色，分 4 节，等于或略短于体长，第一节短而粗，上有短的黄色细毛，第二、三节细长，第四节最短。喙分 4 节，向后伸达后足基节处，第四节端部黑色。前胸背板梯形，前缘低平，两侧向下弯曲，后缘两侧较薄；近前端两侧有 2 个黄色或黄褐色较低平的胝，小盾片三角形，基部不被前胸背板后缘所覆盖。前翅革质部与体色相同，膜质部透明，后翅白色透明。体腹面淡绿或黄绿色，腹部腹面有疏生浅色细毛。足黄绿色，胫节末端及跗节黑色，生有稀疏黄色细毛；跗节 3 节，覆瓦状排列；爪黑色，中垫片状。

卵：口袋状，长约 1.0mm，卵盖上有不规则的突起。初产时白色透明，临孵化时呈黄褐色。

若虫：共有 5 龄。1 龄体长约 1.0mm，绿色，足黄绿色。2 龄体长约 1.7mm，绿色，足黄褐色。3 龄体长约 2.5mm，触角长 2.5mm，体黄绿色或绿色。翅芽长 0.4mm，不达腹部第一节。4 龄体长约 3.5mm，足胫节末端及跗节和喙末端均黑色，翅芽 1.2mm，不超过腹部第二节，5 龄体长约 5mm，全身黄绿色，触角红色，足胫节末端、跗节及喙末端均黑色，翅芽长 1.8mm，超过腹部第二节。

【生活习性】

成虫一般在 9:00—17:00 较活跃，傍晚或清晨气温较低不太活动，阴雨天常隐蔽在植物中下部叶片背面。

【发生规律】

条赤须盲蝽在北方 1 年发生 3 代，世代重叠，以卵越冬。4 月下旬当年平均气温≥12℃时，多年生禾本科杂草返青以后，越冬卵开始孵化，5 月初为孵化盛期。第一代成虫于 5 月中旬开始羽化，下旬达羽化盛期。5 月中下旬成虫开始交配产卵。雌虫多在夜间产卵。雌虫在叶鞘上端产卵成排，一般 1 排，有时 2 排。每头雌虫每次产卵 5~10 粒，最少 2 粒，最多 20 粒。第一代卵从 6 月上旬开始孵化，到 6 月中旬气温 20~25℃、相对湿度 45%~50% 时，达孵化盛期。从卵孵化到第二代成虫的出现，约需半个月时间，羽化后的成虫于 6 月中下旬又开始交配产卵，7 月上旬卵开始孵化，7 月下旬第三代成虫出现。8 月下旬至 9 月上旬雌虫多在禾本科杂草的茎上产卵越冬。

【防治方法】

（1）及时清除田边四周杂草，秋冬清除落叶，集中深埋或烧毁，可减少越冬基数。

（2）严重发生时，可选用高效氯氰菊酯、吡虫啉、噻虫嗪等进行喷雾防控。

三、大青叶蝉 *Cicadella viridis*（Linnaeus）

【分布与为害】

大青叶蝉为分布广泛的杂食性害虫，可为害玉米、高粱、水稻、麦类、豆类、蔬菜和果树等。

成虫、若虫均可刺吸茎和叶的汁液，被害叶面有细小白斑，叶尖枯卷，幼苗严重受害时，叶片发黄卷曲，甚至枯死。成虫产卵也可以造成月牙形的伤口。

【形态特征】

雄成虫体长 7~8mm，雌成虫 9~10mm。体青绿色，头淡黄色，复眼黑色，有光泽，头顶有 2 个多边形黑斑，颊区在唇基缝处有 1 个小黑斑，触角窝上方有 1 块黑斑。前胸背板黄色，后部为深青绿色，小盾片淡黄绿色。前翅革质绿色微带青蓝，端部色淡近半透明；前翅反面、后翅和腹背均黑色，腹部两侧和腹面橙黄色。足黄白至橙黄色，跗节 3 节。

卵：长卵圆形稍弯曲，一端较尖，长约 1.6mm，宽约 0.4mm，乳白色，表面光滑，近孵化时为黄白色。

若虫：与成虫相似，共 5 龄。初龄灰白色，微带黄绿，头大腹小，胸、腹背面无显著条纹。2 龄淡灰微带黄绿色。3 龄后体黄绿，胸、腹背面具褐色纵列条纹，并出现翅芽。老熟若虫体长 6~7mm，形似成虫。

【生活习性】

成虫有趋光性，夏季较强，晚秋不明显。

【发生规律】

北方 1 年发生 3 代，以卵在树木枝条的表皮下越冬。翌年 4 月孵化，若虫孵出后约 3d 转移至禾本科作物上继续繁殖为害。5 月下旬至 7 月上旬，出现第一代成虫；7—8 月出现第二代成虫；9—10 月出现第三代成虫。成虫在寄主植物的茎秆、叶柄、主脉、枝条等组织内产卵，产卵时以产卵器刺破表皮形成月牙形伤口，产卵 6~12 粒，排列整齐，产卵处的植物表皮呈肾形凸起。每雌可产卵 30~70 粒，非越冬卵期 9~15d，越冬卵期达 5 个月以上。前期主要为害农作物、蔬菜及杂草等植物，至 9 月、10 月农作物陆续收割、杂草枯萎，则集中于秋菜、冬麦等绿色植物上为害，10 月中旬第三代成虫陆续转移到果树、林木上为害并产卵于枝条内，10 月下旬为产卵盛期，直至秋后，以卵越冬。

【防治方法】

（1）及时清除田间杂草，清除秋冬落叶，集中深埋或烧毁，可减少越冬成虫。

（2）成虫发生期用黑光灯诱杀成虫。

（3）化学防治。应在其为害初期喷施内吸性杀虫剂控制虫口蔓延。在为害高峰期用 10% 吡虫啉可湿性粉剂 2 500 倍液或 20% 啶虫脒 3 000 倍液全田喷雾防治。

四、小长蝽 *Nysius ericae*（Schilling）

【分布与为害】

我国华北、长江、黄淮流域均有分布，主要寄主有向日葵、玉米、高粱、粟、芝麻、苋菜、葡萄、桑树等。

成虫和若虫有聚集为害习性，刺吸玉米叶片汁液后，受害叶片出现白色小点，严重时，叶片发白。

【形态特征】

体长3.6~4.8mm，宽1.4~1.7mm，略呈长方形。雌虫褐色，雄虫黑褐色。头三角形，红褐色或棕褐色，有黑色颗粒，头背部中央基部常有"X"形黑纹。触角褐色，第1、4节常略深，第4节略长于第2节，或与之等长，密生灰白色绒毛。喙可达后足基节后缘，第1节亦不达前胸。前胸背板污黄色，有大而密的刻点，中央有1条深色纵纹，近前缘有1条黑色宽横带。小盾片黑色，有时两侧各有1个黄斑。前翅革质区淡白半透明，密布灰白色短绒毛，末端有1个黑色斑纹，翅脉上有褐斑，膜质区透明无斑，上有5条纵脉。胸部腹面黑色，足淡褐色，腿节具黑斑点。雄虫腹部腹面黑色，雌虫腹部腹面基半部黑色，后半部两侧黑色，中央淡黄褐色。

卵：长椭圆形，长0.68~0.71mm，宽0.32~0.35mm。初为乳白色，后渐变为淡黄棕色，孵化前为黄棕色，近假卵盖处为褐色。卵壳上有6条纵脊线。

若虫：共5龄。1龄若虫体长0.8~1.2mm，头、前胸、中胸浅灰棕色，后胸、腹部橘黄色。胸部背面中央有1条淡黄色纵纹。末龄若虫体长3.2~3.5mm。头、前胸背板及翅芽黑褐色，有淡红黄色断续的纵条纹，中部淡色条纹贯穿头、前胸背板及小盾片中央。复眼黑色，触角黑褐色，较短。喙淡红褐色，末端色深，达后足基节。足淡色，足的基节和转节淡白色，腿节无黑斑点，腿节、胫节末和跗节色较深。腹部较大，淡黄白色，每腹节有横排列的红色短纵条纹。臭腺孔位于第4、6腹节背面后线，呈"一"字形。腹部末端肛门周围呈黑色突起。

【生活习性】

成虫比较活跃，遇惊吓即逃逸。遇强日照和大风雨时，常常躲避于花蕊中或叶背上。

【发生规律】

小长蝽在江西南昌1年发生5代，世代重叠，以成虫和部分高龄若虫在石块下、垃圾堆、枯枝落叶或田边土缝中越冬。越冬虫态3月底开始活动，4月初基本全部羽化，4月下旬产卵。成虫羽化后，一般休息1d左右，然后开始取食，之后2~5d开始交尾。卵散产，每雌虫产卵2~4次，每次5~17枚。初孵幼虫善于爬行，受惊吓有短暂假死性。小长蝽近年来在北京部分玉米田发生较重，尤其是邻近向日葵的田块，或者田间杂草以反齿苋为主的地块发生更为严重。

【防治方法】

（1）农业防治。铲除田间杂草，尤其喜食反齿苋等杂草。另外，要避免与向日葵田相邻。

（2）化学防治。具体药剂可以参考盲蝽类的防控方法。

五、耕葵粉蚧 *Trionymus agrestis* Wang & Zhang

【分布与为害】

国内分布于黑龙江、吉林、辽宁、河北、北京、山东、河南、山西、陕西等省。寄主植物有玉米、小麦、谷子、高粱、狗尾草、看麦娘、虎尾草、画眉草等禾本科作物及杂草。

耕葵粉蚧以雌成虫及若虫为害玉米、高粱，寄生于茎基部、叶鞘内和根部，吸取汁液，密集为害。受害植株茎叶发黄，下部叶片干枯，根尖变黑腐烂，发育缓慢，矮小细弱。严重时，茎基部发黑变粗，甚至全株枯萎死亡。

【形态特征】

成虫：雌成虫体长 3~4.2mm，宽 1.4~2.1mm，长椭圆形而扁平，两侧缘近似于平行，红褐色，全身覆一层白色蜡粉。眼发达，椭圆形。触角 8节，第 1 节短，末节最长。喙短，口针不达中足基节附近。肛环发达，椭圆形，具环刺 6 根。雄成虫体长 1.42mm，宽 0.27mm，身体纤弱，全体深黄褐色。前翅白色透明，具 1 条分叉的翅脉，后翅退化为平衡棒，基部弯曲，端部膨大。腹部 9 节，最后 2 节缢缩明显。

卵：长椭圆形，长径 0.49mm，初产橘黄色，孵化前浅褐色，卵囊白色，棉絮状。

若虫：共 2 龄，1 龄若虫体长 0.61mm，无蜡粉；2 龄若虫体长 0.89mm，宽 0.53mm，体表出现白蜡粉。

蛹：体长 1.1~1.2mm，长形略扁，黄褐色。茧长形，白色柔密，两侧近平行，茧丝柔密。

【生活习性】

耕葵粉蚧在河北 1 年发生 3 代，以卵在卵囊中并附着在田间残留的玉米根茬上、土壤中及残存的玉米秸秆上越冬。卵囊絮状，由雌虫分泌的蜡丝组成，长 5~10mm，宽 2~3mm。每个卵囊中有卵 100 多粒。在河北中南部小麦玉米轮作区，每年 9—10 月，雌虫产卵越冬，翌年 4 月中下旬，气温达 17℃时，开始孵化。1 龄若虫活泼，出卵囊后即在卵囊周围来回爬行，寻找寄主。此时身体微小，且无蜡层保护。2 龄后开始分泌蜡粉，加强了对自身的保护。若虫一般寄生在寄主植物的根部或茎基部。雄成虫 6 月上旬开始羽化，羽化后立即寻找雌虫交尾，雌成虫在玉米茎秆旁的土中和叶鞘内产卵。

耕葵粉蚧主要以孤雌生殖方式繁殖后代，但每代都有少量的雄成虫。

【发生规律】

耕葵粉蚧的发生与耕作制度和耕作方法有关。在小麦玉米轮作区，耕葵粉蚧发生重，前茬为大豆、棉花、蔬菜的则发生轻。免耕措施和秸秆还田为耕葵粉蚧的连年发生提供了便利条件。禾本科杂草是耕葵粉蚧喜食的中间寄主，田间杂草多的地块相对发生较重，反之则较轻。

【防控方法】

(1) 农业防治。由于耕葵粉蚧主要为害禾本科作物，在历年发生较重的地区可以考虑改种其他作物，降低基数后再种玉米。另外，还可以及时秋耕，消灭越冬虫源。

(2) 化学防控。耕葵粉蚧 1 龄若虫无蜡粉覆盖，是开展防控的最佳时期。大量发生时，可选用辛硫磷、敌敌畏、毒死蜱进行喷雾防控。

第六节　缨翅目害虫

一、蓟马

【分布与为害】

玉米黄呆蓟马 *Anaphothrips obscurus*（Müller）分布于我国华北、西北、西南等地，国外分布于日本、马来西亚、埃及、澳大利亚、新西兰及欧洲、北美洲，寄主有玉米、谷子、高粱、水稻、小麦等禾本科作物。禾花蓟马 *Franklinilla tenuicornis*（Uzel）在我国大部分区域都有分布，国外分布于朝鲜半岛、日本、蒙古国、土耳其、巴勒斯坦及欧洲、北美洲，寄主有玉米、高粱、水稻、麦类等禾本科作物，以及空心菜、茄子等。稻简管蓟马 *Haplothrips aculeatus*（Fabricius）分布遍及东北、华北、西北、长江流域及华南各省，国外分布于朝鲜、日本、蒙古国及外高加索、欧洲等地，寄主有水稻、薏苡、玉米、小麦、高粱和禾本科水生蔬菜等。

玉米蓟马以成虫、若虫锉吸玉米幼嫩部位汁液，受害植株的叶片扭曲呈马鞭状，生长停滞，严重时腋芽萌发。玉米黄呆蓟马以成虫为害，叶片被害后出现断续的银白色条斑，伴随有小污点，叶正面相应部位呈黄色，受害严重的部位如涂一层银粉，端半部变黄枯干。禾花蓟马以成虫、若虫在玉米心叶内活动为害，多发生于喇叭口期，为害叶片时也出现银灰色斑。稻简管蓟马以成虫、若虫取食玉米幼嫩汁液，导致叶片上出现大量白色斑点或产生水渍状黄斑，严重受害的心叶不能展开。另外，蓟马为害还可以引发真菌和细菌病害，传播病毒。

【形态特征】

1. 玉米黄呆蓟马

成虫：可分为长翅、半长翅、短翅 3 种类型，以长翅为主。长翅型雌成虫体长 1.0~1.2mm，黄色略暗，胸、腹背（端部数节除外）有暗黑区域。触角 8 节，触角第 1 节淡黄，第 2~4 节黄，逐渐加黑，第 5~8 节灰黑，第 3~4 节具叉状感觉锥。头、前胸背无长鬃。前翅淡黄，前脉鬃间断，绝大多数有 2 根端鬃，少数 1 根，脉鬃弱小，缘缨长，具翅胸节明显宽于前胸。第 8 节腹背板后缘有完整的梳，腹端鬃较长而暗。半长翅型的前翅长达腹部第 5 节。短翅型的前翅短小，退化成三角形芽状，具翅胸几乎不宽于前胸。

卵：长约 0.3mm，宽约 0.13mm，肾形，乳白至乳黄色。

若虫：初孵若虫小如针尖，头、胸占身体的比例较大，触角较粗短。2 龄后乳青或乳黄，有灰斑纹。触角末端数节灰色。体鬃很短，仅第 9~10 腹节鬃较长。第 9 腹节上有 4 根背鬃，略呈节瘤状。

前蛹（3 龄若虫）：头、胸、腹淡黄，触角、翅芽及足淡白，复眼红色。触角分节不明显，略呈鞘囊状，向前伸。体鬃短而尖，第 8 腹节侧鬃较长。第 9 腹节背面有 4 根弯曲的齿。

蛹（4 龄若虫）：触角鞘背于头上，向后至前胸。翅芽较长，接近羽化时带褐色。

2. 禾花蓟马

成虫：雌虫体长 1.3~1.5mm，体灰褐至黑褐色，胸部稍色浅，腹部顶端黑色。触角 8 节，黑褐色，第 3 节长是宽的 3 倍，第 3~4 节黄色，各着生一叉状感觉锥。头部长大于宽，较前胸略长，颊平行，头顶略凸，各单眼内缘色暗；单眼间鬃长，着生于三角形连线外缘。前胸背板较平滑，前角各具一长鬃，前缘中对鬃稍长，后角各具 2 对长鬃，后缘有 5 对鬃。翅淡黄色；鬃黑色，前翅脉鬃连续，上脉鬃 18~20 根，下脉鬃 14~15 根。腿节顶端和全部胫节、跗节黄至黄褐色。雄成虫较雌虫小而窄，足和触角黄色，腹部第 3~7 腹板有似哑铃形腺域。

卵：长约 0.3mm，宽 0.12mm，肾形，乳黄色。

若虫：似成虫，灰黄色，触角第 3~4 节上有微毛。体鬃端部尖，共 4 龄。

3. 稻简管蓟马

成虫：雌成虫体长 1.4~1.8mm，黑褐色至黑色，略具光泽。触角 8 节，第 1~2 节黑褐色，第 3 节黄色且明显地不对称，具 1 个感觉锥，第 4 节具 4 个感觉锥。头长大于宽，口锥宽平截。前胸横向，前跗节内侧具齿。翅发达透明，中部收缩，呈鞋底形，无脉，有 5~8 根间插缨。腹部 2~7 节背板两侧各有 1 对向内弯曲的粗鬃，第 10 节管状，肛鬃长于管的 1.3 倍。腹部第 9 节长鬃明显短于管。前足胫节和跗节黄色。雄成虫较雌虫小而窄，前足腿节扩大，前跗节具三角形大齿。

卵：肾形，长约 0.3mm，初产白色，稍透明，后变黄色。

【生活习性】

1. 玉米黄呆蓟马

玉米黄呆蓟马以成虫在禾本科杂草基部和枯叶内越冬。在山东，每年 5 月中下旬，从禾本科植物迁往春玉米，第一代若虫盛发期为 6 月中旬。在北京，若虫盛发期为 6 月底 7 月初。成虫行动迟缓，阴雨天活动更少。卵产于叶片组织内，卵背突出叶面，发亮，摘下有卵叶片，对光观察可见密密麻麻的小白点。初孵若虫乳白色，仅 1~2 龄为害，取食后逐渐变为乳青色或乳黄色。3~4 龄停止取食，分别称前蛹和后蛹，隐藏于植株基部叶鞘、枯叶内或土壤中。

2. 禾花蓟马

越冬习性与玉米黄呆蓟马相同。成虫、若虫均活泼，喜欢郁闭环境和生长旺盛的植株，多发生于喇叭口期。造成为害的主要是成虫，多在正面取食。在北京郊区，6 月中下旬发生量较大，降暴雨之后，数量会锐减。

3. 稻简管蓟马

喜欢在心叶内为害，玉米抽雄后，会大量转移至雄穗，但造成的为害不大。

蓟马的优势种在不同地区和环境中并不相同，但大部分地区玉米田中都以玉米黄呆蓟马为主，其占比可达 87.4%。

【发生规律】

蓟马原属于玉米上的偶发性害虫，近年来，随着耕作制度的改变，在小麦收获后带茬播种玉米，使得原来在小麦和麦田杂草上为害的蓟马，在夏玉米出苗后，及时转移到幼苗上为害，导致为害呈逐年上升趋势。2020 年，北京市顺义区夏玉米田或邻近麦田的春玉米田蓟马严重发生，被害率 100%，百株虫量 600~800 头，部分植株叶尖出现干枯。

蓟马年度之间发生与为害的差异与降雨关系密切，但与气温关系不大。5月下旬至6月上旬，降水偏少、气温偏高，对其发生有利。降雨对玉米蓟马的种群数量有较大的抑制作用，甚至导致虫量下降。玉米蓟马喜干燥，在麦套玉米田中，沟、路、渠边环境较为通风干燥的地方，发生量大。杂草是蓟马的中间寄主，杂草多的地块，或靠近地边杂草的玉米，虫量大，受害重。

【防治方法】

（1）农业防治。一是结合小麦中耕除草，冬春尽量清除田间地边杂草，减少越冬虫口基数。二是适时播种，避开蓟马高峰期。三是加强田间管理，促进植株本身生长势，改善田间生态条件，减轻为害。

（2）生物防治。可释放东亚小花蝽控制蓟马为害，但相关技术仍需要进一步探索。

（3）理化诱控。可选择蓝板或有聚集素的黄板进行诱杀。

（4）化学防治。经田间和室内药剂试验证明菊酯类药剂对蓟马无效，甚至有时可能对蓟马有引诱作用，有机磷、氨基甲酸酯类等对蓟马有较好的防效。常用药剂有乙基多杀菌素、阿维菌素、毒死蜱等。在蓟马发生初期对叶片和心叶进行喷施防治。

第七节　其他有害生物

一、叶螨

【分布与为害】

截形叶螨 *Tetranychus truncates* Ehara 在国内主要分布于北京、河北、河南、山东、山西、陕西、甘肃、青海、新疆、江苏、安徽、湖北、广东、广西、台湾等地，国外分布于日本、泰国、菲律宾等，寄主有棉花、玉米、薯类，豆类、瓜类、茄子等。二斑叶螨 *Tetranychus urticae* Koch 和朱砂叶螨 *Tetranychus cinnabarinus*（Boisduval）为世界性的螨类，寄主有玉米、草莓、茄子、西瓜、番茄、棉花、枣、柑橘、黄瓜等。

以成螨、若螨聚集叶背刺吸叶片汁液，被害处呈现失绿斑点或条斑，在为害重时叶片呈灰白色，逐渐干枯，影响光合作用，导致玉米减产。

【形态特征】

叶螨经历卵、幼螨、第一若螨、第二若螨和成螨5个阶段。幼螨3对足，若螨4对足，体形、体色与成螨类似。

1. 截形叶螨

雌成螨体长0.51~0.56mm，雄成螨0.44~0.48mm，卵圆形。雌螨体色一般为深红色或锈红色，足和颚体白色，雄螨黄色。体侧具黑斑。须肢端感器柱形，长约为宽的2倍，背感器约与端感器等长。气门沟末端呈"U"形弯曲。各足爪间突裂开为3对针状毛，无背刺毛。

2. 二斑叶螨

成螨体色多变，在不同寄主植物上所表现的体色有所不同，有浓绿、褐绿、橙红、锈红、橙黄色，一般常为橙黄色和褐绿色。雌成螨椭圆形，体长0.45~0.55mm，宽0.30~0.35mm，前端近圆形，腹末较尖。雄成螨近卵圆形，比雌成螨小。成螨体背两侧各具有一块暗红色或暗绿色长斑，有时斑中部色淡分成前后两块。

3. 朱砂叶螨

雌成螨体长0.42~0.51mm，宽0.26~0.33mm，体卵圆形。体色一般为深红色或锈红色。体躯的两侧各有一倒"山"字形黑褐色斑纹，从头胸部开端起延伸至腹部后端，此斑有时可分为前后2块，前一块略大。腹部末端圆钝。雄成螨体长0.37~0.42mm，宽0.21~0.23mm，比雌螨小。

【生活习性】

叶螨经历卵、幼螨、第一若螨、第二若螨和成螨5个阶段。在幼螨发育至成螨的各形态变化前，均有一个不食不动的静止期。叶螨一般为两性生殖，也可以营孤雌生殖，其后代多为雌螨。叶螨在我国一年发生10~20代，由北向南逐渐增加，世代重叠严重。越冬虫态及场所随地区而不同，在华北以雌成螨在杂草、枯枝落叶及土缝中越冬；在华中以各种虫态在杂草及树皮缝中越冬，翌春气温达10℃以上，即开始大量繁殖。3—4月先在杂草或其他寄主上取食，作物出苗后陆续向田间迁移，每雌产卵50~110粒，多产于叶背。卵期2~13d。幼螨和若螨发育历期5~11d，成螨寿命19~29d。幼螨和前若螨不甚活动。后若螨则活泼贪食，有向上爬的习性。先为害下部叶片，而后向上蔓延。繁殖数量过多时，常在叶端群集成团，滚落地面，被风刮走，向四周爬行扩散。

【发生规律】

一般情况下，叶螨在玉米田的种群动态为单峰形，即苗期有杂草和其他寄主迁入，零星发生，而后随着寄主和天气适宜度的影响，扩展繁殖，在抽雄吐丝期前后达到最大量，之后由于植株被害、叶片衰老等，种群迅速下降。叶螨的发生与虫源基数、气候条件、寄主条件密切相关。降水频发、气温较低可以抑制叶螨的发生。另外，耕作方式也对叶螨发生具有一定影响，例如，玉米与小麦交替种植可以减轻叶螨为害，与马铃薯、大豆、棉花等套种有利于叶螨为害。

【防治方法】

（1）农业防治。一是要深翻土地，将螨虫翻入深层土中，可减轻为害。二是及时彻底清除田间、地埂渠边杂草，减少朱砂叶螨的食料和繁殖场所，降低虫源基数，防止其转入田间。三是避免与豆类、花生等作物间作，阻止其相互转移为害。

（2）化学防治。可选药剂有阿维菌素、联苯肼酯、甲维盐、哒螨灵等。重点防治玉米中下部叶片的背面。

二、灰巴蜗牛 *Bradybaena ravida*（Benson）

【分布与为害】

我国大部分地区均有分布。寄主有黄麻、红麻、苎麻、棉花、豆类、玉米、大麦、小麦、蔬菜、瓜类等。

主要取食玉米下部叶片，造成缺刻或破碎状，严重时，可吃光下部叶片。此外，还取食花丝，偶尔取食雄穗。

【形态特征】

成螺：壳质稍厚，坚固，呈圆球形。壳高 19mm，宽 21mm，有 5.5~6 个螺层，顶部几个螺层增长缓慢、略膨胀，体螺层急骤增长、膨大。壳面黄褐色或琥珀色，并具有细致而稠密的生长线和螺纹。壳顶尖。缝合线深。壳口呈椭圆形，口缘完整，略外折，锋利，易碎。轴缘在脐孔处外折，略遮盖脐孔。脐孔狭小，呈缝隙状。个体大小、颜色变异较大。

卵：圆球形，白色。

【生活习性】

灰巴蜗牛白天潜伏，傍晚或清晨取食，遇有阴雨天多整天栖息在植株上。4月下旬到5月上中旬成螺开始交配，不久后把卵成堆产在植株根茎部的湿土中，初产的卵表面具黏液，干燥后把卵粒粘在一起。初孵幼螺多群集在一起取食，长大后分散为害，喜栖息在植株茂密低洼潮湿处。温暖多雨天气及田间潮湿地块受害重；遇高温干燥条件，蜗牛常把壳口封住，潜伏在潮湿的土缝中或茎叶下，待条件适宜时，如下雨或灌溉后，于傍晚或早晨外出取食。

【发生规律】

灰巴蜗牛是我国为害农作物的重要陆生软体动物之一，各地均有发生，在常发区，降水多，发生重，降水少，发生轻。一旦定殖，很难根除，但是由于其扩散能力弱，对周边影响的范围不大。灰巴蜗牛1年发生1代，11月下旬以成螺和幼螺在田埂土缝、残株落叶、宅前屋后的物体下越冬。翌年3月上中旬开始活动，7—8月是为害高峰期，10月或11月中下旬又开始越冬。

【防治方法】

四聚乙醛防效较好，可于清晨沿玉米垄撒施于根际。此外，也有推荐使用辛硫磷制作诱饵。近年来，还有研究单位推出食诱剂，目前正在开展相关登记工作。

三、中国圆田螺 *Cipangopaludina chinensis* Gray

【分布与为害】

在东北、华北、华东、华南、华中、西北等地区广泛分布。属于杂食性动物，通常摄食底泥中的细菌、腐殖质，以及水中的浮游植物、悬浮有机碎屑、幼嫩水生植物等。近年来随着灌溉进入农田，可以为害上海青、白菜、小麦、玉米、大豆、水稻等。

主要为害玉米中下部叶片，形成锯齿状的缺刻，有时可以吃光整个叶片，常常会留下体液形成的透明膜。

【形态特征】

螺体大小、颜色变异较大。壳质稍厚，坚固，呈圆球形。壳高19mm，宽21mm，有5.5~6个螺层，顶部几个螺层增长缓慢、略膨胀，体螺层急骤增长、膨大。壳面黄褐色或琥珀色，并具有细致而稠密的生长线和螺纹。壳顶尖。缝合线深。壳口呈椭圆形，口缘完整，略外折，锋利，易碎。轴缘在脐孔处外折，略遮盖脐孔。脐孔狭小，呈缝隙状。

卵：圆球形，白色。

【生活习性】

中国圆田螺在河南周口等地，始见于5月，常见于夏秋季，特别是当夏秋季雨水较多田间湿度较大时，田间发生较重。喜食大豆，也可以为害玉米，偶尔可以发现其取食小麦。由于缺少研究资料，其他发生规律不详。

【防治方法】

参考灰巴蜗牛。

第三章　玉米田杂草诊断与防治

第一节　主要杂草

一、葎草

【分布】

中国除新疆、青海外，其他各省份均有分布；国外在日本、越南也有分布。

【形态特征】

幼苗子叶线形，长达 2~3cm，叶上面有短毛，无柄。下胚轴发达，微带红色，上胚轴不发达。初生叶 2 片，卵形，三裂，每裂片边缘具钝齿，有柄，叶片与叶柄皆有毛。

成株茎蔓生，茎和叶柄均密生倒钩刺。叶对生，叶片掌状 5~7 裂，直径 7~10cm，裂片卵状椭圆形，叶缘具粗锯齿，两面均有粗糙刺毛，下面有黄色小腺点；叶柄长 5~20cm。花单性，雌雄异株。雄花排列成长 15~25cm 的圆锥花序，花小，淡黄绿色，花被片和雄蕊各 5。雌花排列成近圆形的穗状花序，腋生，每个苞片内有 2 片小苞片，每一小苞内都有 1 朵雌花，小苞片卵状披针形，被有短柔毛和黄色小腺点，花被片退化为全缘的膜质片，紧包子房；柱头 2，红褐色。

瘦果扁球形，淡黄色或褐红色，直径约 3mm，被黄褐色腺点。以种子繁殖。

【生长特点】

生于沟边、路边、荒地及田间，通常群生，耐寒、抗旱、喜肥、喜光。3—4 月出苗，花期 7—8 月，果期 9—10 月。

二、酸模叶蓼

【分布】

广布于我国南北各省份。朝鲜、日本、印度、菲律宾、巴基斯坦及欧洲也有分布。

【形态特征】

幼苗下胚轴发达,深红色,上胚轴欠发达。子叶长卵形,长约1cm,叶背紫红色;初生叶1片,长椭圆形,无托叶鞘;后生叶具托叶鞘。叶上面具黑斑,叶背被绵毛。成株高30~120cm。茎直立,有分枝,无毛。茎和叶上常有新月形黑褐色斑点。叶互生,披针形或宽披针形,长5~12cm,宽1.5~3cm,叶面绿色,全缘,叶缘及主脉覆粗硬毛,具柄,柄上有短刺毛;托叶鞘筒状,膜质,脉纹明显,无毛。穗状花序,数个花序排列成圆锥状;苞片膜质,边缘生稀疏短睫毛;花被4深裂,裂片椭圆形,淡绿色或粉红色;雄蕊6,花柱2,向外弯曲。

瘦果,圆卵形,扁平,两面微凹,长2~3mm,宽约1.4mm,红褐色至黑褐色,有光泽,包于宿存的花被内。

【生长特点】

适应性较强,生长在农田、路旁湿地、沟渠、水边及田边。4—5月出苗,花果期4—9月,多次开花结实。种子繁殖。

三、藜

【分布】

除西藏外,广泛分布于中国各地。国外常见于温带和热带地区。

【形态特征】

幼苗子叶近线形或披针形,长0.6~0.8cm,先端钝,肉质,略带紫色,叶下面具白粉,具柄。初生叶2片,长卵形,先端钝,边缘略呈波状,叶脉明显,叶背多呈紫红色,具白粉。上下胚轴均发达,紫红色。后生叶互生,叶形变化大,呈三角状卵形,全缘或有钝齿。成株高60~120cm,茎直立,粗壮,有棱和纵条纹,多分枝,上升或开展。叶有长柄,叶片菱状卵形至宽披针形,长3~6cm,宽2.5~5cm,先端急尖或微钝,基部宽楔形,叶缘不整齐锯齿。花两性,圆锥状花絮,顶生或腋生,花小,黄绿色,花被片5,宽卵形至椭圆形;雄蕊5,柱头2。胞果完全包于花内或顶部稍外露,果皮薄,和种子紧贴;种子横生,两凸镜形,直径1.2~1.5mm,黑色,有光泽,表面具浅沟纹。

【生长特点】

生于沟边沙地或路旁湿地。花果期5—10月。种子繁殖。

四、刺藜

【分布】

中国分布于黑龙江、吉林、辽宁、内蒙古、河北、山东、山西、河南、陕西、宁夏、甘肃、四川、青海及新疆。国外分布于亚洲及欧洲。

【形态特征】

成株高10~40cm，整体呈圆锥形，无粉，秋天的植株常带紫红色。茎直立，圆柱形或有棱，具色条，无毛或稍有毛，有多个分枝。叶条形至狭披针形，长约7cm，宽约1cm，全缘，先端渐尖，基部收缩成短柄，中脉黄白色。复二歧式聚伞花序生于枝端及叶腋，最末端的分枝针刺状；花两性，几乎无柄；花被裂片5，狭椭圆形，先端钝或骤尖，背面稍肥厚，边缘膜质，果实开展。胞果顶基扁（底面稍凸），圆形；果皮透明，与种子贴生。种子横生，顶基扁，周边截平或具棱。

【生长特点】

多生于高粱、玉米、谷子田间，有时也见于山坡、山谷及林下。花期8—9月，果期10月。种子繁殖。

五、反枝苋

【分布】

原产美洲热带，在中国分布于黑龙江、吉林、辽宁、内蒙古、河北、山东、山西、河南、陕西、甘肃、宁夏、新疆。

【形态特征】

幼苗子叶长椭圆形，具柄；下胚轴发达，上胚轴不发达。初生叶互生，全缘，卵形，先端微凹；后生叶有毛，柄长。成株高20~80cm，有时达1m；茎直立，粗壮，单一或分枝，淡绿色，有时带紫色条纹，稍具钝棱，密生短柔毛。叶片菱状卵形或椭圆状卵形，长4~12cm，宽2~5cm，顶端锐尖或尖凹，有小芒尖，基部楔形，全缘或波状缘，两面及边缘有柔毛。花序圆锥状，顶生和腋生，直立，由多数穗状花序形成，顶生花穗比侧生花穗长；苞片膜质，透明，钻形，长4~6mm，白色，背面有1个龙骨状突起，伸出顶端成白色尖芒；花被片5，雄蕊5，柱头3，有时2，长刺锥状。胞果扁卵形，包裹在宿存的花被片内，长约 1.5mm，果实成熟时环状横裂。种子卵圆形，直径 1mm，棕色或黑色，边缘钝，有光泽。

【生长特点】

喜湿润环境，亦耐旱，适应性强。为棉花、玉米等旱作田及菜园、果园、荒地、路旁常见杂草。花期 7—8 月，果期 8—9 月。种子繁殖。

六、长芒苋

【分布】

原产于美国西部至墨西哥北部。瑞士、瑞典、日本、澳大利亚、德国、法国、丹麦、挪威、芬兰、英国、澳大利亚等国也有分布。中国仅见于北京市。

【形态特征】

株高可达 3m，雌雄异株。茎直立，粗壮，绿黄色或浅红褐色，无毛或上部散生短柔毛。分枝斜展至近平展。叶片无毛，卵形至菱状卵形，先端钝、急尖或微凹，常具小突尖，叶基部楔形，略下延，叶全缘，侧脉每边 3~8 条。叶柄长，纤细。穗状花序生于茎顶和侧枝顶端，直立或略弯曲，生于叶腋者较短，花序长者可达 60cm 以上。苞片先端芒刺状，长 4~6mm；雄花苞片下部约 1/3 具宽膜质边缘，雌花苞片下半部具狭膜质边缘。雄花花被片 5，极不等长，长圆形，先端急尖，最外面的花被片长约 5mm，中肋粗，雄蕊 5，短于内轮花被片。雌花花被片 5，稍反曲，极不等长，最外面一片倒披针形，长 3~4mm，先端急尖，中肋粗壮，先端具芒尖。其余花被片匙形，长 2~2.5mm，先端截形至微凹，上部边缘啮蚀状，芒尖较短。花柱 2~3。胞果近球形，长 1.5~2mm，果皮膜质，上部微皱，周裂，包藏于宿存花被片内。

【生长特点】

常生于田野、路埂和宅旁。喜湿润环境，亦耐旱；为害棉花、大豆、甘薯、玉米和蔬菜，在果园和苗圃也常有发生。花期 7—8 月，果期 8—9 月。种子繁殖。

七、马齿苋

【分布】

遍及中国各地。

【形态特征】

幼苗全株光滑无毛，稍带肉质。子叶卵形，具短柄；后生叶倒阔卵形，全缘，叶柄短。成株高 10~25cm。全株光滑无毛，肉质。茎平卧或斜倚，伏地铺散，多分枝，常带暗红色。叶互生，有时近对生，叶片扁平，肥厚，倒卵形，似马齿状，长 1~3cm，宽 0.6~1.5cm，先端圆钝、截形或微凹，柄短，有时具膜质的托叶。花无梗，直径 4~5mm，常 3~5 朵簇生枝端，午时盛开；苞片 2~6，叶状，膜质，近轮生；萼片 2，对生，绿色，盔形，左右压扁，长约 4mm，顶端急尖，背部具龙骨状突起，基部合生；花瓣 5，稀 4，黄色，倒卵形，长 3~5mm，顶端微凹，基部合生；雄蕊通常 8，或更多，长约 12mm，花药黄色；子房无毛，花柱比雄蕊稍长，柱头 4~6 裂，线形。蒴果卵球形，长约 5mm，盖裂；种子细小，多数偏斜球形，黑褐色，有光泽，直径不及 1mm，具小疣状凸起。

【生长特点】

为秋熟旱作田的主要杂草，生于田间、地边、路旁、撂荒地，在土壤肥沃的蔬菜地和大豆、玉米田地为害严重，花期 5—8 月，果期 6—9 月。种子繁殖。

八、朝天委陵菜

【分布】

分布于中国东北、内蒙古、新疆、河北、河南、甘肃、山西、陕西、山东、四川、安徽、江苏等地。北半球温带其他地区也有分布。

【形态特征】

成株高 10~50cm，茎平展或倾斜伸展，少有直立，多叉状分枝，疏生柔毛或脱落几无毛。单数羽状复叶；基生叶有小叶 7~13 对，小叶倒卵形或长圆形，长 0.6~3cm，宽 4~15mm，先端圆钝，基部宽楔形，边缘有缺刻状锯齿，上面无毛，下面微生柔毛或近无毛，具长柄；茎生叶与基生叶相似，有时为三出复叶，叶柄较短或近无柄，托叶草质，阔卵形，三浅裂。花单生于叶腋；花梗长 10~25mm，被柔毛；花黄色，花直径 6~8mm；萼片三角卵形，顶端急尖，副萼片长椭圆形或椭圆披针形，顶端急尖，比萼片稍长或近等长；花瓣黄色，5 片，倒卵形，顶端微凹，与萼片近等长或较短；花柱近顶生，基部乳头状膨大，花柱扩大。瘦果长圆形，先端尖，表面具 3~4 条横皱纹，约占瘦果的一半长。

【生长特点】

生于路旁、水边、农田或荒地；为旱田、果园常见杂草。花果期4—9月。种子繁殖。

九、铁苋菜

【分布】

中国除新疆外，大部分省份均有分布。国外朝鲜、日本、菲律宾、越南、老挝等国家也有分布。

【形态特征】

幼苗子叶出土，长圆形，先端平截，基部近圆形，具长柄；上下胚轴均发达；初生叶2片，对生，先端锐尖，叶缘钝齿状，基部近圆形，密生短柔毛，柄长。成株茎直立，高30~60cm。单叶互生，卵状披针形或长卵圆形，顶端短渐尖，基部楔形，基部三出脉明显，叶缘有钝齿，叶柄长1~3cm。穗状花序腋生；花单性，雌雄同株且同序；雄花：生于花序上部，排列呈穗状或头状，萼4裂，紫红色，雄蕊8枚，花药圆筒形，弯曲。雌花：位于花序下部，花萼3裂，子房球形，有毛，花柱3裂，全花包藏于三角状卵形至肾形的苞片，苞片靠合时形如蚌，边缘有细锯齿。蒴果小，钝三棱状，直径3~4mm，3室，每室有1粒种子。种子卵球形，灰褐色，长约2mm。

【生长特点】

生于路边、农田、荒地和田埂上，为秋熟旱作田主要杂草，局部地区在豆田、玉米田和棉田为优势种。花期7—8月，果期8—10月。种子繁殖。

十、苘麻

【分布特点】

中国各地均有分布，东北各地有栽培。国外见于越南、印度、日本以及欧洲、北美洲等地区。

【形态特征】

幼苗全体被毛。子叶心形，长1~1.2cm，先端钝，基部心形，具长叶柄；初生叶1片，卵圆形，先端钝尖，基部心形，叶缘有钝齿，叶脉明显。下胚轴发达。成株高1~2m，茎枝被柔毛。叶互生，圆心形，长5~10cm，先端渐尖，边缘具细圆锯齿，两面均密被星状柔毛；叶柄长3~12cm，也被星状细柔毛。花：单生于叶腋，花梗长1~3cm，被柔毛，近顶端具节；花萼杯状，密被短茸毛，裂片5，卵形，长约6mm；花黄色，花瓣5，倒卵形，长约 1cm；雄蕊柱平滑无毛，心皮 15~20，排列成轮状，密被软毛。蒴果半球形，直径约 2cm，长约 1.2cm，分果爿 15~20 个，被粗毛，顶端具 2 个长芒；种子肾形，褐色，被星状柔毛。

【生长特点】

生于农田、路旁及荒地，喜较湿润而肥沃的土壤，原为栽培植物，后逸为野生。主要为害玉米、棉花、豆类、蔬菜等作物。花期 6—8 月，果期 8—9 月。种子繁殖。

十一、小马泡

【分布】

分布于中国山东、辽宁、河南、四川、安徽和江苏等省。

【形态特征】

根白色，柱状。茎、枝及叶柄粗糙；有浅的沟纹和疣状凸起，幼时有稀疏腺质短柔毛，后逐渐脱落。叶片肾形或近圆形，质稍硬，长、宽 6~11cm，常 5 浅裂，裂片钝圆，边缘稍反卷，基部心形，两面粗糙，掌状脉。每节有一根卷须，纤细，单一，有微柔毛。花两性，雌雄同株，在叶腋内单生或双生，花梗细，长 2~4cm；花梗和花萼被白色的短柔毛；花萼淡黄绿色，筒杯状，裂片线形，顶端尖；花冠黄色，钟状，直径 2.2~2.3cm，裂片倒宽卵形，外面有稀疏的短柔毛，先端钝，5 脉；雄蕊 3，生于花被筒的口部，2 枚 2 室，1 枚 1 室；子房长椭圆形，外面密被白色的细绵毛，花柱极短，基部周围有 1 浅杯状的盘，柱头 3 枚，近长方形，2 浅裂。果实椭圆形，长 3~3.5cm，直径 2~3cm，幼时有柔毛，后逐渐脱落而光滑。瓜味有香有甜，有酸有苦，瓜皮颜色有青有花。种子淡黄色，扁平，长卵形，顶端尖，基部圆，表面光滑。

【生长特点】

野生于山坡、田边、路旁。常见于玉米、大豆和棉花等旱作田。花果期 6—8 月。种子繁殖。

十二、田旋花

【分布】

分布于中国东北、华北、西北及山东、江苏、河南、四川、西藏等省区。

【形态特征】

幼苗上、下胚轴均发达，子叶近方形，先端微凹，基部截形，长约 1cm，有柄，叶脉明显。初生叶 1 片，近矩圆形，先端圆，基部两侧稍向外突出，有叶柄。成株茎蔓生或缠绕，具条纹或棱角，上部有疏柔毛，叶互生，戟形或箭形，长 2.5~6cm，宽 1~3.5cm，全缘或 3 裂，中裂片大，卵状椭圆形至披针状长圆形，先端近圆或有小突尖头，侧裂片开展，戟形或呈耳形，微尖，叶柄长 1~2cm，约为叶片的 1/3。花序腋生，1~3 朵，花梗长 3~8cm，苞片 2，线性，与萼远离；萼片 5，倒卵状圆形，无毛或被疏毛，缘膜质，宿存。花冠漏斗形，粉红色、白色，长约 2cm，先端 5 浅裂；雄蕊 5，花丝基部具鳞毛；子房 2 室，柱头 2 裂，线形。蒴果卵状球形或圆锥形。种子 4 粒，卵圆形，无毛，黑褐色。

【生长特点】

旱田常见，荒地、路旁亦极常见，常成片生长。主要为害小麦、棉花、豆类、玉米、蔬菜及果树等。花期 5—8 月，果期 6—9 月。地下茎或种子繁殖。

十三、打碗花

【分布】

分布于中国各地，国外东非埃塞俄比亚和东南亚等地。

【形态特征】

幼苗粗壮，下胚轴发达，上胚轴不发达，光滑无毛。子叶近方形，长约 1cm，先端微凹，基部近截形，有长柄。初生叶 1 片，阔卵形，先端钝圆，基部耳垂形，全缘，叶柄与叶片几乎等长。成株地下具白色横走根茎，粗壮。茎蔓生，缠绕或匍匐，具细棱。叶互生，具长柄。基部叶片长圆形，全缘，长 1.5~4.5cm，先端钝圆，基部心形。上部叶片 3 裂，中裂片披针形或卵状三角形，顶端钝尖，基部心形，侧裂片戟形，开展，通常 2~3 裂，两面无毛。花单生于叶腋，花梗具角棱，长于叶柄，苞片 2，宽卵形，包住花萼，宿存；萼片 5，长圆形，略短于苞片，宽具小突尖；花冠漏斗状，粉红色或淡紫色，长 2~2.5cm，雄蕊 5，花丝基部膨大，具小鳞毛；子房 2 室，柱头 2 裂，扁平。蒴果卵球形，光滑，与宿存萼片等长或稍短。种子黑褐色，表面有小疣。

【生长特点】

生于农田、路旁、林缘或荒地，常单成优势群落，为旱田常见恶性杂草。花期5—9月，果期8—10月。种子或根状茎繁殖。

十四、圆叶牵牛

【分布】

原产地为南美洲，广泛分布于中国各地。

【形态特征】

幼苗粗壮，上胚轴不发达，下胚轴发达。子叶近方形，长约2cm，先端深凹缺刻几乎达叶片中部，基部心形，叶脉明显，具柄且被短硬毛。初生叶1片，卵圆状心形，先端渐尖，基部心形；叶片及叶柄均被长茸毛。成株茎缠绕，多分枝。全株被倒向的短柔毛杂有倒向或开展的长硬毛。叶互生，卵圆形，先端尖，基部心形，全缘，长4~18cm，宽3.5~16.5cm，叶柄长4~9cm。花序腋生，有花1~5朵，成伞形聚伞花序，总花梗长4~12cm，被毛与茎相同，结果时上部膨大；苞片2，条形，萼片5，卵状披针形，长1~1.5cm，先端尖锐，基部有粗硬毛；花冠漏斗状，直径4~5cm，紫色、淡红色或白色，先端5浅裂；雄蕊5，不等长，花丝基部被毛；子房3室，每室2胚珠，柱头头状，3裂。蒴果近球形，无毛，直径9~10mm，3瓣裂。种子卵状三棱形，长约5mm，黑褐色或米黄色，表面粗糙。

【生长特点】

生于田边、路旁、平原、山谷和林内；我国各地均有栽培，作庭园观赏或作绿篱，有时侵入农田或果园。6—9月开花，9—10月为结果期。种子繁殖。

十五、裂叶牵牛

【分布】

原产于热带美洲。除中国东北、西北一些省区外，其他各地均有分布，有些地方栽培供观赏。

【形态特征】

幼苗粗壮，上胚轴不发达，下胚轴发达。子叶近方形，长约2cm，先端深凹缺刻几乎达叶片中部，基部心形，叶脉明显，具柄且被短硬毛。初生叶1片，3裂，中裂片大，先端渐尖，基部心形，叶片及叶柄均被长茸毛。成株全株被粗硬毛；茎缠绕，多分枝；叶互生，具柄；叶柄长5~15cm，被毛；叶片宽卵形，长8~15cm，宽4.5~14cm，长3裂，中裂片长圆形或卵圆形，渐尖或骤尖，侧裂片较短，三角形，裂口锐或圆，叶面被微硬的柔毛。花序腋生，有花1~3朵，总花梗略短于叶柄，萼片5，披针形。花冠漏斗状，白色、蓝紫色或紫红色，花冠管色淡，花冠长5~8cm，顶端5浅裂，雄蕊5；子房3室，柱头头状。蒴果近球形，直径0.8~1.3cm，3瓣裂。种子5~6粒，卵状三棱形、黑褐色或米黄色。

【生长特点】

生于田边、路旁、河谷、宅园、果园、山坡，适应性很广；部分果园、苗圃受害较重。花期6—9月，果期7—10月。种子繁殖。

十六、龙葵

【分布】

我国各地均有分布。欧洲、亚洲、美洲的温带至热带地区广布。

【形态特征】

幼苗下胚轴极发达，密被混杂毛，上胚轴极短。子叶阔卵形，具长柄。初生叶1片，阔卵形，先端钝状，叶基圆形。后生叶与初生叶相似。成株粗壮，株高30~100cm，茎直立，多分枝，绿色或紫色，近无毛或被微柔毛。叶卵形，长2.5~10cm，宽1.5~5.5cm，先端短尖，叶基楔形至阔楔形而下延至叶柄，全缘或具不规则的波状粗齿，光滑或两面均被稀疏短柔毛。短蝎尾状聚伞花序腋外生，通常着生4~10朵花，花萼杯状，绿色，5浅裂，花冠白色，辐状，5深裂，裂片卵圆形，长约2mm；花丝短，花药黄色，顶孔向内，子房卵形，花柱中部以下被白色茸毛，柱头小，头状。浆果球形，直径约8mm，成熟时黑色，种子近卵形，两侧压扁，长约2mm，淡黄色，表面略具细网纹及小凹穴。

【生长特点】

喜生于田边、荒地及村庄附近，为棉花、玉米、大豆、甘薯、蔬菜田和路埂常见杂草，发生量小、为害一般。花果期9—10月。种子繁殖。

十七、曼陀罗

【分布】

中国各地均有分布。广泛分布于全球温带至热带地区。

【形态特征】

幼苗全株被毛，子叶披针形，长约2.2cm，宽约0.5cm，先端渐尖，基部楔形；具短叶柄。初生叶1片，长卵形或广披针形，长约2cm，宽0.8cm，全缘，具短柄，上胚轴不发达，下胚轴发达。成株高0.5~1.5m，全体近于平滑或在幼嫩部分被短柔毛。茎粗壮，圆柱形，淡绿色，下部木质化。下部叶互生，上部呈对生状，叶片卵形或宽卵形，顶端渐尖，基部不对称楔形，有不规则波状浅裂，裂片三角形，有时有疏齿，脉上有疏短柔毛；叶柄长 3~5cm，叶长 8~17cm，宽 4~12cm。花单生于枝间或叶腋，直立，有短梗；花萼筒状，长 4~5cm，筒部有 5 棱角，两棱间稍向内陷，基部稍膨大，顶端紧围花冠筒，5 浅裂，裂片三角形，花后自近基部断裂，宿存部分随果实而增大并向外反折；花冠漏斗状，下半部带绿色，上部白色或淡紫色，檐部 5 浅裂，裂片有短尖头，长 6~10cm，檐部直径 3~5cm；雄蕊 5，不伸出花冠，花丝长约 3cm，花药长约 4mm；子房卵形，不完全 4 室，密生柔针毛，花柱长约 6cm。蒴果直立，卵状，长 3~4.5cm，直径 2~4cm，表面生有坚硬针刺，或稀疏无刺而近平滑，成熟后淡黄色，规则 4 瓣裂。种子卵圆形，稍扁，长约 4mm，黑色，略有光泽，表面具粗网纹和小凹穴。

【生长特点】

生于山坡向阳处，为旱地、果园、荒地、路旁杂草。花期 6—10 月，果期 7—11 月。种子繁殖。

十八、车前

【分布】

中国各地几乎均有分布。俄罗斯、日本、印度尼西亚也有分布。

【形态特征】

幼苗上、下胚轴均不发达。子叶长椭圆形；初生叶 1 片，椭圆形至长椭圆形，先端锐尖，基部渐狭至柄，柄较长，主脉明显，叶片及叶柄皆被短毛；后生叶与初生叶相似。成株高 20~60cm。须根。无茎，叶基生，直立，卵形或宽卵形，长 4~15cm，宽 3~9cm，先端圆钝，边缘近全缘，波状或有疏齿至弯缺，两面无毛或有短柔毛，具弧形脉 5~7 条，叶柄长 2~10cm，基部扩大成鞘。花葶数个，直立，长 20~45cm，被短柔毛；穗状花序占上端 1/3 到 1/2，花疏生，绿白色或淡绿色；苞片宽三角形，较萼片短，二者均有绿色宽龙骨状突起；花萼裂片倒卵状椭圆形或椭圆形，长 2~2.5mm，有短柄；花冠裂片披针形，长约 1mm，先端渐尖，反卷。蒴果，椭圆形，长 2~4mm，周裂，种子 5~8 粒，长圆形，长约 1.5mm，黑棕色，腹面明显平截，表面具皱纹状小突起，无光泽。

【生长特点】

生于潮湿的农田、路边、沟旁、田边、荒地及庭院中。部分秋作物田中较多，为害较重。花果期6—10月。种子繁殖。

十九、苍耳

【分布】

中国各地均有分布。俄罗斯、伊朗、印度、朝鲜和日本也有分布。

【形态特征】

成株高50~100cm，根纺锤状，茎直立不分枝或少有分枝，下部圆柱形，直径4~10mm，上部有纵沟，被灰白色糙伏毛。叶互生，具长柄；叶片三角状卵形或心形，长4~10cm，宽5~10cm，先端尖锐或稍钝，基部近心形或截形，叶缘有缺刻，呈几乎不规则的粗锯齿状，两面被贴生的糙伏毛，基3出脉，叶柄长3~11cm。头状花序腋生或顶生，花单性，雌雄同株；雄花序球形，直径4~6mm，近无梗，密生柔毛，集生于花轴顶端；雌头状花序生于叶腋，椭圆形，外层总苞片小，长约3mm，分离，披针形，被短柔毛，内层总苞片结合成囊状外生钩状刺，先端具2喙，内含2花，无花瓣，花柱分枝丝状。聚花果宽卵形或椭圆形，长12~15mm，宽4~7mm，外面有1~1.5mm钩状刺，淡黄色或浅褐色，坚硬，顶端有2喙；聚花果内有2个瘦果，倒卵形，长约1cm，灰黑色。

【生长特点】

多生于旱作物田、果园、路旁、荒地、低丘等稍潮湿的环境，在田间多为单生，在果园、荒地多成群生长。7—8月开花，8—9月为果期。种子繁殖。

二十、意大利苍耳

【分布】

分布于中国北京等地。原产于北美洲，现广泛分布于南美洲、北美洲和南欧。

【形态特征】

成株高40~200cm，淡绿色，带有黑紫色斑点。茎直立，粗壮，基部稍有木质化，多分枝，叶互生，宽卵形或心形，具3~5浅裂，叶片长约13cm，宽约14cm，叶片两面贴生糙伏毛；叶柄长约11cm。瘦果为木质总苞所包，不开裂。总苞粗大坚硬，黄褐色或棕褐色，长圆形，长1.9~3cm，直径1.2~1.8cm（含刺），密生长4~7mm的倒钩刺，倒钩刺的近中部以下及苞体表面生有密集的白色透明毛和短腺毛；总苞先端具2个粗壮的喙，直立或外倾。总苞内分 2 室，每室各有 1 枚瘦果。

【生长特点】

多生于农田、荒地、河滩地、沟渠、路旁，在湿润地生长得更加茂盛高大。8—9 月为花果期。种子繁殖。

二十一、萝藦

【分布特点】

分布于中国东北、华北、华东和甘肃、陕西、贵州、河南、湖北等省区。在日本、朝鲜和俄罗斯亦有分布。

【形态特征】

幼苗上、下胚轴都很发达。出土萌发。子叶长椭圆形，全缘，具叶柄。初生叶 2 片，对生，卵形，具长柄；后生叶与初生叶相似。成株全体含乳汁。地下具横走根状茎，黄白色。茎缠绕，长可达 2m 以上，幼时密被短柔毛。叶对生，卵状心形，两面无毛，叶背面粉绿或灰绿色；具柄，顶端丛生腺体。总状式聚伞花序腋生；总花梗长 6～12cm；花蕾圆锥状；萼片 5 裂，裂片披针形，被柔毛；花冠白色，有淡紫红色斑纹，近辐状，5 裂，裂片披针形，顶端反折，内面被柔毛；副花冠环状，5 短裂，生于合蕊冠上；柱头延伸成长喙，长于花冠，顶端 2 裂。蓇葖果长卵形，角状；长约 10cm，宽3cm；种子褐色，顶端具白色种毛。

【生长特点】

多生于河边、路旁、灌丛和荒地等潮湿环境，亦耐干旱。为果园、茶园及桑园的杂草，也是旱作物地边杂草，有时受害较重。花期 7—8 月，果期9—12 月。根状茎与种子繁殖。

二十二、刺儿菜

【分布特点】

中国各地均有分布和为害。朝鲜、日本也有分布。

【形态特征】

成株高 30～50cm。地下有直根，并有水平生长产生不定芽的根。茎直立，幼茎被白色蛛丝状毛，有棱。单叶互生，缘具刺状突，基生叶早落，下部和中部叶椭圆形或椭圆状披针形，长 7～10cm，宽 1.5～2.2cm，顶端短尖或钝，基部窄狭或钝圆，近全缘或有疏锯齿，无叶柄，叶表面绿色，背面淡绿色，两面有疏密不等的白色蛛丝状毛，幼叶尤为明显。雌雄异株，头状花序单生茎端，雄株头状花序小，雌株头状花序较大，总苞叶多层，外层很短，中层以内先端渐尖，具刺；花冠紫红色，雄花花冠长 15~20mm，其中花冠裂片长 5mm，雌花花冠长 25mm，其中裂片长 5mm，花药紫红色，雌花退化雄蕊存在，长约 2mm。瘦果椭圆形或长卵形，略扁，表面淡黄色至褐色，有波状横皱纹，每面有 1 条明显的纵脊；顶端截形。冠毛白色，羽毛状，易脱落。

【生长特点】

多发生于土壤疏松的旱作田。为麦、玉米、棉、豆和甘薯等旱作田的主要杂草，在麦类生长后期和棉、豆等生长早期，为害较重。花果期 5—6 月。不定芽或种子繁殖。

二十三、苣荬菜

【分布】

广泛分布于中国东北、华北、华东、西南、广东、广西、青海等地。亚洲东部也有分布。

【形态特征】

成株高 30~150cm。根垂直直伸，有根状茎。茎直立，有细条纹，上部或顶部有伞房状花序分枝，花序分枝与花序梗被稠密的头状具柄腺毛。基生叶多数，中下部茎叶倒披针形或长椭圆形，羽状或倒向羽状深裂、半裂或浅裂，侧裂片 2~5 对，顶裂片稍大；全部叶裂片边缘有小锯齿或无锯齿而有小尖头；上部茎叶及花序分枝下部的叶披针形或线钻形，小或极小；全部叶基部渐窄成长或短翼柄，但中部以上茎叶无柄，基部圆耳状扩大半抱茎，顶端急尖、短渐尖或钝，两面光滑无毛。头状花序在枝顶端排成伞房状花序。花苞钟状。总苞片 3 层，均为披针形，中内层稍长大；全部总苞片顶端长渐尖。舌状小花多数，黄色。瘦果稍压扁，长椭圆形，每面有 5 条细肋，肋间有横皱纹。

【生长特点】

生于山坡、旷野、林间、草地、沟边、路旁以及旱作田，是旱作田的主要恶性杂草，还可为害夏秋作物、蔬菜、果树，发生量大，为害重。花果期 1—9 月。种子及根茎繁殖。

二十四、抱茎苦荬菜

【分布特点】

分布于中国辽宁、河北、山西、内蒙古、陕西、甘肃、山东、江苏、浙江、河南、湖北、四川、贵州等省份。朝鲜及俄罗斯远东地区也有分布。

【形态特征】

成株茎高 15~60cm，根状茎极短。茎单生，直立，全部茎枝无毛。基生叶莲座状，匙形、长倒披针形或长椭圆形，或小分裂，边缘有锯齿。顶端圆形或急尖，或大头羽状深裂，顶裂片大，侧裂片 3~7 对，边缘有小锯齿；中下部茎生叶长椭圆形、匙状椭圆形、倒披针形或披针形，羽状浅裂或半裂，向基部扩大，心形或耳状抱茎；上部茎叶及接花序分枝处的叶心状披针形，边缘全缘，顶端渐尖，向基部心形或圆耳状扩大抱茎；全部叶片两面无毛。头状花序多数或少数，在茎枝顶端排成伞房花序或伞房圆锥花序，含舌片小花约 17 枚。总苞圆柱形，总苞片 3 层；全部总苞片外面无毛。舌状小花黄色。瘦果黑色，纺锤形，有 10 条凸起的钝肋，上部沿肋有上指的小刺毛，向上渐尖成细喙，喙细丝状。冠毛白色，微糙毛状。

【生长特点】

生于山坡、平原路旁、林下、河滩地、岩石上或庭院中，有时入侵农田边缘，一般情况下为害不严重。花期 4—5 月，果期 5—6 月。种子繁殖。

二十五、狗尾草

【分布特点】

分布于中国各地。原产欧亚大陆的温带和暖温带地区，现广布于全世界的温带和亚热带地区。

【形态特征】

成株高 20~60cm，秆丛生，直立或倾斜，基部偶有分枝。叶片线状披针形，顶端渐尖，基部圆形，长 6~20cm，宽 2~18mm；叶舌膜质，长 1~2mm，具毛环。圆锥花序紧密，呈圆柱状，长 2~10cm，直立或微倾斜，小穗长 2~2.5mm，2 枚至数枚成簇生于缩短的分枝上，基部有刚毛状小枝 1~6 条，成熟后与刚毛分离而脱落；第一颖长为小穗的 1/3，具 1~3 脉；第二颖与小穗等长或稍短，具 5~6 脉，第一小花外稃与小穗等长，具 5 脉，第二小花外稃较第一小花外稃为短，有细点状皱纹，成熟时背部稍隆起，边缘卷抱内稃。颖果近卵形，腹面扁平，脐圆形，乳白色带灰色，长 1.2~

1. 3mm，宽 0. 8~0. 9mm。

【生长特点】

生于农田、荒野、路边等，为秋熟旱作田的主要杂草之一，耕作粗放地尤为严重，在玉米、大豆、谷子、高粱、马铃薯、甘薯等旱作田，以及果园、桑园、茶园发生更为严重。花果期 6—9 月。种子繁殖。

二十六、牛筋草

【分布特点】

中国各地几乎均有分布，但以黄河流域、长江流域及其以南地区发生普遍。广布于世界温暖地区。

【形态特征】

成株高 15~90cm。须根较细而稠密，为深根性，不易整株拔起。秆丛生，基部倾斜向四周开展。叶鞘压扁，有脊，无毛或生疣毛，鞘口常有柔毛，叶舌长约 1mm，叶片扁平或卷折，长达 15cm，宽 3~5mm，无毛或表面常被疣基柔毛。穗状花序 2 个至数个呈指状簇生于秆顶，小穗含 3~6 小花，颖披针形，有脊，脊上粗糙，颖革质，具 5 脉，第一外稃长 3~3.5mm，有脊，脊上有狭翼，内稃短于外稃，脊上有小纤毛。子实囊果，果皮薄膜质，白色，内包种子 1 粒，种子呈三棱状长卵形或近椭圆形，长 1~1.5mm，宽约 0.5mm，黑褐色，表面具隆起的波状皱纹，纹间有细而密的横纹，背面显著隆起成脊，腹面有浅纵沟。

【生长特点】

生于荒地、田间、路旁，为秋熟旱作田为害较重的恶性杂草。花果期 6—10 月。种子繁殖。

二十七、稗

【分布特点】

中国各地均有分布。原产欧洲和印度，为全球性的恶性杂草。

【形态特征】

成株秆光滑无毛，高 40~120cm。叶条形，无叶舌。圆锥花序尖塔形，较开展，粗壮，直立，长 14~18cm，主轴具棱，分枝 10~20 个，基部被有疣基硬刺毛，分枝为穗形总状花序，并生或对生于主轴，上斜举或贴生，下部的排列稍疏离，上部的密接，小枝上有小穗 4~7 个，密集于穗轴的一侧，脉上被疣基刺毛；第一颖三角形，具 3 脉或 5 脉，第二颖有长尖头，具 5

脉，与第一小花的外稃近等长；第一小花之外稃具 5~7 脉，先端延伸成 0.5~3cm 的芒，内稃与外稃近等长，膜质透明；第二小花外稃平凸状，椭圆形，花长 2.5~3mm，平滑光亮，成熟后变硬，顶端具小尖头，边缘内卷，紧包内稃，顶端露出。颖果椭圆形，长 2.5~3.5mm，凸面有纵脊，黄褐色。

【生长特点】

生于水田、田边、菜园、茶园、果园、苗圃及村落住屋周围隙地。与水稻的伴生性强，为水稻田为害最严重的恶性杂草。也生于潮湿旱地，为害玉米、大豆等秋熟旱作物。花果期 6—8 月。种子繁殖。

二十八、马唐

【分布特点】

分布于中国各地。秦岭、淮河以北地区发生重，长江流域、西南、华南也都有大量发生和为害。全球温热带地区广为分布。

【形态特征】

成株秆丛生，基部展开或倾斜，着土后节易生根或具分枝，光滑无毛。叶鞘松弛包茎，大部短于节间，多疏生疣基软毛，稀无毛；叶舌膜质，黄棕色，先端钝圆，叶片线状披针形，两面疏生软毛或无毛。总状花序 3~10 个，上部者互生或呈指状排列于茎顶，下部者近于轮生；穗轴中肋白色，翼绿色，小穗披针形，通常孪生，一具长柄，一具极短的柄或几无柄，第一颖微小，钝三角形，第二颖狭窄，具不明显的 3 脉，边缘具纤毛，第一小花具明显的 5~7 脉，中部的脉更明显，脉间距离较宽而无毛，边缘具纤毛，第二小花色淡绿。带稃颖果，第二颖边缘具纤毛，第一外稃侧脉无毛或脉间贴生柔毛。颖果椭圆形，长约 3mm，淡黄色或灰白色，脐明显，圆形，胚卵形，长约颖果的 1/3。

【生长特点】

生于农田、路旁、荒地、草丛等处，为秋熟旱作田恶性杂草。花果期 6—11 月。种子繁殖。

二十九、刺果藤

【分布特点】

刺果藤起源于美国东北部。目前分布于美国、加拿大、墨西哥、澳大利亚、法国、德国、匈牙利、意大利等国家。日本、韩国等亚洲国家也有分布。在中国为检疫性有害杂草。北京、山东、辽宁、四川、台湾、广东、云南等地曾有侵入玉米田的现象。

【形态特征】

成株茎细长，通常为 4~6m，茎上具有棱槽，密被白色柔毛，具有卷须。叶片圆形或卵圆形，叶片形状似黄瓜叶，3~5 浅裂，两面微粗糙被短柔毛，叶柄长，密被白色柔毛；花雌雄同株，雄花排列成总状花序或头状聚伞花序，花萼 5，披针形至锥形，花冠 5 裂，花冠直径 0.9~1.4cm，白色至浅黄绿色，裂片三角形，雌花较小，花暗黄色，无柄，聚成头状；果实长卵圆形，3~20 个簇生，密被白色柔毛与黄褐色细长刺。内含种子 1 粒，种子椭圆形或近圆形，扁平，灰褐色或灰黑色。

【生长特点】

刺果瓜适应性强，喜背阴环境，在低矮林间、低地、田间等背阴或不背阴的环境中都能生存，可侵入农田，可缠绕高大乔木如杨树、柳树等。花果期 6—10 月。种子繁殖。

第二节　常用除草剂

一、封闭处理除草剂

（一）乙草胺

英文通用名：acetochlor

商品名：禾耐斯

常用制剂：90%禾耐斯乳油、50%乙草胺乳油、88%乙草胺乳油、20%乙草胺可湿性粉剂等

作用特点：乙草胺为选择性苗前土壤处理除草剂。该药可被植物幼芽吸收，种子和根也能吸收一部分，但量较少。吸收后传导到植物体内，抑制蛋白酶合成，使幼芽、幼根停止生长。如果田间墒情较好，则幼芽未出土即被杀死。如土壤墒情较差，杂草出土时茎叶也能吸收土表的药剂传导到植物体内而发挥作用，使杂草死亡。

防治对象：乙草胺对大部分一年生禾本科杂草（如稗草、狗尾草、马唐、牛筋草等）及一些小粒种子的阔叶杂草（如藜、反枝苋、鸭跖草、萹蓄、铁苋菜等）都有很好的防除效果。

使用方法：玉米播后苗前，东北地区每亩用 50%乙草胺乳油 120~

250mL，其他地区为 100~150mL。

（二）莠去津

英文通用名：atrazine

商品名：阿特拉津

常用制剂：40%莠去津悬浮剂、50%莠去津可湿性粉剂

作用特点：莠去津为选择性内吸传导型苗前、苗后除草剂。以根吸收为主，茎、叶吸收很少，迅速传导到植物分生组织及叶部，干扰光合作用，使杂草死亡。

防治对象：播后苗前使用，对未出土的一年生阔叶杂草和禾本科杂草具有较好的防效。苗后对一年生阔叶杂草的防效优于禾本科杂草。使用方法华北地区土壤处理每亩用 40%莠去津悬浮剂 175~200mL，东北地区土壤处理每亩用 200~250mL；茎叶处理每亩用 125~150mL。由于莠去津残效期长，对后茬作物有药害。在我国夏玉米区的后茬多为冬小麦，为保障作物安全，一般莠去津的最多亩用量不超过 200mL。莠去津还有累积残留的特点。为保证使用的安全性，根据莠去津的杀草特性，现在多采取混用的方式来降低莠去津的用量，扩大杀草谱，提高除草效果。

二、茎叶处理除草剂

（一）选择性茎叶处理除草剂

1. 2,4-D 丁酯

英文通用名：2,4-Dbutylate

常用制剂：72%2,4-D 丁酯乳油、76%2,4-D 丁酯乳油

作用特点：2,4-D 丁酯是一种选择性内吸传导激素型除草剂。具有较强的内吸传导性，在很低浓度下（<0.01%）即能抑制植物正常生长发育，出现畸形，直至死亡。主要用于苗后茎叶处理，展着性好，渗透性强，易进入植物体内，不易被雨水冲刷，对双子叶杂草敏感，对禾谷类作物安全。对棉花、大豆、马铃薯等有药害。

防除对象：主要防除藜、蓼、反枝苋、荸草、问荆、苦荬菜、刺儿菜、苍耳、田旋花、马齿苋等阔叶杂草，对禾本科杂草无效。

使用方法：可在播后苗前每亩用 72%2,4-D 丁酯乳油 30~50mL，兑水35kg 均匀喷施土表和已出土的杂草上。也可于玉米出苗后 4~5 叶期，每亩用 72%2,4-D 丁酯乳油 20~30mL，兑水 35kg，对杂草茎叶喷雾。2,4-D 丁酯乳油可与烟嘧磺隆等混用，剂量各减半，以扩大杀草谱。2,4-D 丁酯挥发

性很强，药剂雾滴可在空气中飘移，使敏感植物受害。因此该药施用时应选择无风或风小的天气进行，喷雾器的喷头最好安装保护罩，防止药剂雾滴飘移到双子叶作物田造成药害。目前2,4-D异辛酯正逐步取代2,4-D丁酯。使用过2,4-D丁酯的药械应彻底清洗干净或最好专用。

2. 烟嘧磺隆

英文通用名：nicosulfuron

商品名：玉农乐

常用制剂：4%烟嘧磺隆悬浮剂、80%烟嘧磺隆可湿性粉剂

作用特点：烟嘧磺隆为选择性茎叶处理除草剂。烟嘧磺隆由植物茎叶及根部吸收，通过植物的木质部和韧皮部迅速传导，抑制植物乙酰乳酸合成酶，来阻碍支链氨基酸的合成。杂草吸收药剂后，很快停止生长，生长点褪绿白化，逐渐扩展到其他茎叶部分，使植株枯死。

防治对象：烟嘧磺隆可防除玉米田中的马唐、牛筋草、狗尾草、野高粱、反枝苋、马齿苋、藜、苍耳、鸭跖草、莎草等，对打碗花、田旋花也有一定防效。

使用方法：每亩用4%烟嘧磺隆悬浮剂40~60mL。该除草剂对不同品种的玉米敏感性差异较大，其安全性顺序为马齿型玉米、硬质玉米、爆裂玉米、甜玉米。由于甜玉米、爆裂玉米和部分登海系列等玉米对该药敏感，在这些品种上禁止使用。另外，制种田勿用。该除草剂应在玉米2~8叶期施用。在施用烟嘧磺隆的前后7d内勿施有机磷类农药。高温干旱或空气相对湿度过大时不宜施药。

3. 硝磺草酮（甲基磺草酮）

英文通用名：mesotrione

商品名：千层红

常用制剂：55%硝磺草酮·莠去津悬浮剂

作用特点：硝磺草酮为选择性苗前、苗后处理除草剂。硝磺草酮被杂草吸收传导，抑制叶片内羟苯基丙酮酸脱氧酶活性，使植物失去了保护叶绿素免受紫外线照射的防护物，叶绿素遭到破坏，使杂草叶片白化而死亡。

防治对象：可防除一年生阔叶杂草（如藜、苋类、鸭跖草、苘麻、苍耳等），及一年生禾本科杂草（如稗草、马唐、牛筋草、狗尾草等）。

使用方法：春玉米每亩用55%硝磺草酮·莠去津悬浮剂80~120mL，夏玉米每亩用60~100mL。

4. 氯氟吡氧乙酸

英文通用名：fluroxypyr

商品名：氟草定、使它隆、治莠灵

常用制剂：20%使它隆乳油、20%氯氟吡氧乙酸乳油

作用特点：氯氟吡氧乙酸是内吸传导型苗后处理除草剂。施药后很快被植物吸收，使敏感植物出现典型激素类除草剂的反应，植株畸形、扭曲，最终枯死。

防除对象：可防除猪殃殃、马齿苋、龙葵、繁缕、田旋花、酸模叶蓼、反枝苋、鸭跖草等各种阔叶杂草，对禾本科和莎草科杂草无效。

使用方法：在玉米苗后 6 叶期之前，杂草 2～5 叶期，每亩用 20%氯氟吡氧乙酸乳油 50～65mL；防除田旋花、打碗花、马齿苋等难治杂草，每亩用 20%氯氟吡氧乙酸乳油 65～100mL。使它隆与其他除草剂混用，可扩大杀草谱。施药时，在氯氟吡氧乙酸药液中加入喷药量 0.2%的非离子表面活性剂，可提高药效。应在气温低、风速小时喷施药剂，空气相对湿度低于 65%、气温高于 28℃、风速超过 4m/s 时停止施药。

5. 苯唑草酮

英文通用名：topramezone

商品名：苞卫

常用制剂：30%苯唑草酮悬浮剂、4%苯唑草酮可分散油悬浮剂

苯唑草酮是吡唑啉酮类苗后茎叶处理内吸传导型除草剂。施药后可以很快被植物的叶、根和茎吸收，并在植物体内向上和向下双向传导，间接影响类胡萝卜素的合成，干扰叶绿体在光照下合成与功能，最终导致杂草严重白化、组织坏死，杂草死亡，杂草受药害后的典型症状是杂草心叶白化。苯唑草酮致死速度快，药后 2～5d 就能见效，且持效期较长。

防除对象：马唐、稗草、牛筋草、野黍、狗尾草、藜、蓼、苘麻、马齿苋、苍耳、龙葵等。此外，对刺儿菜（小蓟）、苣荬菜、铁苋菜、鸭跖草（兰花菜）等恶性阔叶杂草也有很好效果。对莎草科杂草效果较差。

使用方法：防除马唐、稗草、牛筋草、狗尾草、藜、蓼、苘麻、苍耳、龙葵等，在杂草 2～5 叶期，每亩用 30%苯唑草酮悬浮剂 10mL+助剂 90mL；防除鸭跖草、苣荬菜、刺菜和铁苋菜等，在杂草 2～5 叶期，30%苯唑草酮悬浮剂 10mL+助剂 90mL+2,4-D 丁酯乳油 20mL；此外，30%苯唑草酮悬浮剂 5mL+助剂 90mL+莠去津水分散粒剂 70g，有封杀兼备的功能，控草期可达 35d 以上。可用于常规玉米、饲料玉米、甜糯玉米和爆裂玉米的田间化学

除草，在玉米 2~12 叶期施药均很安全，但在赤眼蜂等天敌放飞区域禁用。

（二）灭生性茎叶处理除草剂

草甘膦

英文通用名：glyphosate

商品名：农达

常用制剂：41%草甘膦水剂、41%农达水剂、10%草甘膦铵盐水剂。

作用特点：草甘膦为内吸传导型广谱灭生性除草剂，通过抑制植物体内莽草素向苯丙氨酸、络氨酸及色氨酸的转化，使蛋白质的合成受到干扰导致植物死亡。

防除对象：可防除一年生、多年生禾本科杂草，以及莎草科和阔叶杂草等。

使用方法：每亩用 41%草甘膦水剂 100~300g，兑水 30~45kg。该药必须喷施到杂草茎叶上，才能达到理想防效。对地下萌芽未出土的杂草效果较差。玉米田中应在播前施药。苗后不能再用，以免产生药害。防除敏感的宿根性杂草应适当加大药量。

第三节　主要防治方法

一、播前杀草处理

播前杀草处理是对播种玉米时田间已长出的杂草（习称明草）进行防除，生产上一般不单独进行此项除草，除非田间杂草密度较大且草龄较大时，才会采用先除草，再进行播种。多数情况下先进行播种，再进行封闭处理时加入防除明草的除草剂，即"一封一杀"的防治措施，以减少防治成本。防除明草多选用灭生性除草剂品种，如每亩用 41%草甘膦水剂 150~200mL，单独施用或与封闭处理药剂混合施用，单独施用时需间隔 7d 后再进行播种。

有些夏玉米田在上茬作物收获后，如麦茬田、蒜茬田等，会残留一些较大的杂草，而且上茬作物的留茬也会影响除草效果。对于这类"铁茬"播种的夏玉米田即"杀"大草，"封"地面。根据田间草情可"封""杀"同步实施，或先"杀"后"封"。从而通过封杀结合的方式达到理想的防除效果。

二、播后土壤处理

播后土壤处理是在玉米播种后至出苗前将除草剂均匀喷施在地表以防除未出苗杂草的一种施药方式，优点是操作简单方便，农事安排紧凑，防除效果理想。可用于土壤处理的除草剂有莠去津、乙草胺、甲草胺、丁草胺和（精）异丙甲草胺等，具体选用哪种除草剂及配方，一般要根据玉米的种类、播种期、播种方式、优势杂草种类和除草剂的杀草谱等因素进行选择，以确定适合的除草剂配方及用量。目前种植的玉米种类包括常规玉米、鲜食玉米、饲料玉米和爆裂玉米，不同的玉米种类对除草剂的敏感力不同，如甜糯玉米品种和部分饲料玉米品种对莠去津（阿特拉津）等除草剂敏感，用药后容易产生药害。

不管是常规玉米，还是鲜食玉米，都可进行春播和夏播，对于同种玉米，春播和夏播所使用的除草剂配方相同，但夏播玉米除草剂的用药量下调20%~30%。常规玉米田土壤处理除草剂有莠去津+乙草胺、莠去津+甲草胺、莠去津+丁草胺或莠去津+异丙甲草胺等，在玉米播后苗前均匀喷施至土壤表面。鲜食玉米土壤处理除草剂可用精异丙甲草胺。春播玉米多种植在已翻耕的地块，要求整体平整；夏播玉米多采用免耕覆盖的方式，田间覆盖物较多，施药时应注意均匀周到。采用土壤封闭处理，必须保证土壤墒情较好，才能正常发挥药效。若土壤干旱时（即墒情不适于杂草种子萌发时），必须先浇灌，提高墒情后再施药。

三、苗后茎叶处理

苗后茎叶处理是在玉米及杂草出土后一段时间内，玉米苗2~8叶期，杂草3~6叶期，在茎叶上喷洒除草剂进行杂草防除的措施。根据使用的除草剂是否具有选择性，可分为定向喷施与非定向喷施两种施药方法。

（1）定向喷施。是一种补救的杂草防除措施，当玉米田残余杂草密度较大，且草龄偏大时，可采用灭生性除草剂草甘膦或苯唑草酮进行定向喷雾防除。施药时，喷雾器喷头上应装防护罩，避免将药剂喷洒到玉米植株上，大风天切勿施药。

（2）非定向喷施。是在玉米田杂草基本出齐，且杂草处于幼苗期时，将除草剂均匀喷施在杂草茎叶，进行杂草防除的一种施药方式。可用于苗后非定向喷雾的除草剂有烟嘧磺隆、硝磺草酮、氯氟吡氧乙酸、唑嘧磺草胺、苯唑草酮等，这些除草剂对玉米比较安全，或药害轻微能够快速恢复。因苗后茎叶处理除草剂单剂存在杀草谱窄的缺点，用于苗后茎叶处理除草剂多采用二元或三元复配使用，如莠去津+烟嘧磺隆，或莠去津+硝磺草酮，或莠去津+苯唑草酮，可用于常规玉米非定向喷施；鲜食玉米只能用苯唑草酮进行非定向喷施。采用定向施药时，要确保药液均匀地喷施于杂草茎叶上，尽可能避免重喷或漏喷。

四、除草剂使用注意事项

除草剂的使用方法及效果一般因种植方式、品种、管理、土地状况、气候环境（包括小气候环境）、苗情、草情等不同而异，所以在使用时应注意以下几点。

（1）不论使用何种药剂，在使用前都必须仔细阅读产品包装上的使用说明书和注意事项，严格按其要求操作。当风速超过3m/s时，不能在田间喷施任何除草剂，防止药剂飘移到其他作物上产生药害。施用过除草剂的器械，要及时用碱水洗刷干净，使用后的残液或洗刷液，不能随意乱倒，要妥善处理。

（2）使用土壤处理除草剂时，首先要保证土地平整和墒情适宜，才能达到预期效果。如墒情较差，提倡先浇地，后施药。使用茎叶处理除草剂时，要掌握玉米苗在2~8叶期，杂草3~6叶期施用。因为玉米苗在2叶期前，苗小体弱，抗逆能力差；而8叶期后，进入拔节期，细胞分裂快，玉米生长迅速，对除草剂的敏感度明显增加。所以在这两段时间内使用除草剂，都容易产生药害，包括一些影响玉米正常生长和产量的隐性药害。杂草进入3叶期时，大部分杂草都已经出苗，而且对除草剂的敏感度较高，这时使用除草剂比较经济；而杂草进入6叶期后，开始分蘖或分枝，抗药性成倍增加，药效明显降低，需增加用药量，不但增加成本，也容易产生药害。

（3）施药时尽量避免将药液喷施到玉米喇叭口中，药液在喇叭口中存留时间过长，容易产生药害，所以施药时喷头尽量避开玉米心叶。在连续高温干旱时，一定要保证用水量，掌控好药液浓度，每亩用水量必须在30~45kg以上。施药时间应安排在10:00以前或16:00之后，避开中午高温时段施药。施药时应均匀喷雾，不能重喷，也不能漏喷。使用灭生性除草剂，需使用防护罩定向喷雾，而且在玉米苗12叶期左右进行，一定不要使药液飞溅到作物茎叶或飘移到其他作物上，以免产生药害。

（4）有的除草剂在土壤中残留时间长，不易分解，有的还具有累积作用，对下茬作物不安全，所以必须严格控制除草剂在当季作物上单位土地面积的使用量和使用次数。另外，有的玉米品种对某种或某类除草剂敏感，易产生药害，要谨慎使用。如烟嘧磺隆在甜玉米、爆裂玉米上禁用。

五、其他除草技术

（1）农业措施。及时清除田边、路旁的杂草，防止杂草侵入农田。

（2）强化肥水管理，提高玉米对杂草的竞争力。

（3）物理措施。在玉米苗期和中期，结合施肥，采取机械中耕培土，防除行间杂草。

参考文献

董志平，姜京宇，董金皋，2011. 玉米病虫草害防治原色生态图谱 [M]. 北京：中国农业出版社.

封洪强，李卫华，刘文伟，等，2017. 农作物病虫草害原色图鉴 [M]. 北京：中国农业科学技术出版社.

雷仲仁，郭予元，李世访，2014. 中国主要农作物有害生物名录 [M]. 中国农业科学技术出版社.

李亚杰，李赟鸣，薛才，1973. 苹毛金龟子的生活习性观察 [J]. 昆虫学报，16（1）：25-31.

刘立宏，2008. 赤须盲蝽在春玉米上的发生与防治 [J]. 河北农业 (8)：32.

谭娟杰，虞佩玉，李鸿兴，等，1980. 中国经济昆虫志（第 18 册）鞘翅目 叶甲总科(一) [M]. 北京：科学出版社.

王晓鸣，王振营，2017. 中国玉米病虫草害图鉴 [M]. 北京：中国农业出版社.

魏民，金焕贵，李鹏，2020. 4.23% 甲霜灵·种菌唑微乳剂玉米包衣防治玉米丝黑穗病效果初探 [J]. 农药科学与管理，41（2）：35-40.

杨建国，王连英，1997. 赤须盲蝽在北京小麦上发生为害 [J]. 植保技术与推广 (10)：41.

张鑫，杨普云，任彬元，等，2021. 2008—2019 年东北三省玉米病虫草害发生为害和防治情况分析 [J]. 中国植保导刊，41（10）：83-90, 50.

张云慧，张智，刘杰，等，2021. 草地贪夜蛾对田间禾本科杂草的产卵和取食选择性 [J]. 植物保护，46（1）：17-23.

张智，武春生，陈智勇，等，2020, 草地贪夜蛾成虫与灯下 4 种相似种的形态特征比较 [J]. 植物保护，46（1）：42-45.

中国科学院中国动物志编辑委员会，1999. 中国动物志　昆虫纲　（第十六卷）　鳞翅目　夜蛾科 [M]. 北京：科学出版社.

中国科学院中国动物志编辑委员会，2004. 中国动物志　昆虫纲　（第三十三卷）半翅目　盲蝽科　盲蝽亚科 ［M］. 北京：科学出版社.

中国农业科学院植物保护研究所，中国植物保护学会，2015. 中国农作物病虫害 ［M］. 3 版 . 北京：中国农业出版社.

▲ 玉米大斑病

▲ 玉米小斑病

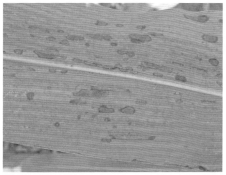

▲ 玉米灰斑病

▲ 玉米弯孢叶斑病

▲ 玉米褐斑病

▲ 玉米南方锈病

▲ 玉米鞘腐病

▲ 玉米丝黑穗病

▲ 玉米瘤黑粉病

▲ 玉米条纹矮缩病

▲ 玉米矮缩病

▲ 多穗

▲ 除草剂药害（2,4-D）

▲ 除草剂药害

▲ 玉米螟（左：排孔；中：蛀茎；右：幼虫为害雌穗）

▲ 桃蛀螟（幼虫）

▲ 草地螟（幼虫）

▲ 黏虫（左：幼虫；右：为害状）

▲ 斜纹夜蛾（幼虫）

▲ 甜菜夜蛾（幼虫）

▲ 草地贪夜蛾（幼虫）

▲ 劳氏黏虫（左：成虫；右：幼虫）

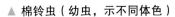

▲ 棉铃虫（幼虫，示不同体色）

▲ 二点委夜蛾（左：成虫；右：幼虫）

▲ 小地老虎（幼虫）　　▲ 蛴螬（小地老虎幼虫）　　▲ 沟金针虫

▲ 双斑长跗萤叶甲（左：为害穗部；右：成虫）

▲ 东方蝼蛄

▲ 褐足角胸肖叶甲

▲ 蟋蟀（油葫芦）

▲ 东亚飞蝗

▲ 玉米蚜

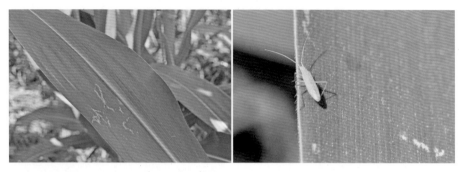

▲ 条赤须盲蝽（左：为害状；右：成虫）

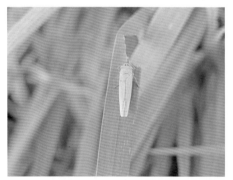

▲ 大青叶蝉

▲ 小长蝽

▲ 耕葵粉蚧

▲ 蓟马

▲ 叶螨

▲ 灰巴蜗牛

▲ 中国圆田螺

▲ 荇草

▲ 酸模叶蓼

▲ 藜　　　　　　　▲ 反枝苋

▲ 长芒苋

▲ 马齿苋

▲ 朝天委陵菜

▲ 铁苋菜

▲ 苘麻

▲ 田旋花

▲ 打碗花

▲ 圆叶牵牛

▲ 裂叶牵牛

▲ 龙葵

▲ 车前

▲ 苍耳　　　　　　　　　　　　　　▲ 萝藦

▲ 刺儿菜　　　　　　　　　　　　　▲ 抱茎苦荬菜

▲ 狗尾草　　　　　　　　　　　　　▲ 牛筋草

▲ 稗草

▲ 马唐

▲ 刺果藤